KB169901

생명이란 무엇인가

생명이란 무엇인가

5단계로 이해하는 생물학

폴 너스

벤 마티노가 편집

이한음 옮김

까치

WHAT IS LIFE?: Understand Biology in Five Steps

by Paul Nurse

역자 이한음

서울대학교에서 생물학을 공부했으며, 저서로 『투명 인간과 가상 현실 좀 아는 아바타』 등이 있으며, 역서로 『유전자의 내밀한 역사』, 『DNA : 유전자 혁명 이야기』, 『조상 이야기 : 생명의 기원을 찾아서』, 『암 : 만병의 황제의 역사』, 『생명 : 40억 년의 비밀』, 『살아 있는 지구의 역사』, 『초파리를 알면 유전자가 보인다』, 『바디 : 우리 몸 안내서』 등이 있다.

편집, 교정_ 권은희(權恩喜)

생명이란 무엇인가 : 5단계로 이해하는 생물학

저자/폴 너스
역자/이한음
발행처/까치글방
발행인/박후영
주소/서울시 용산구 서빙고로 67, 파크타워 103동 1003호
전화/02 · 735 · 8998, 736 · 7768
팩시밀리/02 · 723 · 4591
홈페이지/www.kachibooks.co.kr
전자우편/kachibooks@gmail.com
등록번호/1-528
등록일/1977. 8. 5
초판 1쇄 발행일/2021. 1. 15
7쇄 발행일/2024. 4. 30
값/뒤표지에 쓰여 있음

ISBN 978-89-7291-730-4 03470

친구이자 아버지인 앤디 마티노가(요그)

그리고 손주들인 조, 조지프, 오언, 조슈아와

우리 행성의 생명을 돌보아야 할 그들의 세대에게

차례

들어가는 말

내가 처음으로 생물학을 공부해볼까 진지하게 생각하기 시작한 것은 한 마리의 나비 때문이었을 수도 있다. 때는 초봄이었다. 열두 살인가 열세 살 무렵의 일이다. 뜰에 앉아 있는데, 노란 나비 한 마리가 팔랑거리며 울타리 위로 날아왔다. 나비는 방향을 돌리더니 머뭇거리다가 잠시 내려앉았다. 잠깐이었지만 나는 아주 정교하게 배치되어 있는 날개의 맥과 반점들을 알아볼 수 있었다. 나비는 내가 드리운 그림자에 움찔하더니 다시 날아올라서 반대편 울타리 너머로 사라졌다. 그 절묘하면서 완벽한 모습의 나비를 보면서 나는 이런 생각을 했다. 나와 전혀 다르면서도 어딘가 친숙하기도 하다고 말이다. 나비도 나처럼 분명히 살아 있었다. 움직일 수 있었고, 감지할 수 있었고, 반응할 수 있었고, 나름의 **목적**으로 충만해 보였다. 나는 궁금해졌다. 살아 있다는 것이 진정으로 어떤 의미일까?

그러니까 한마디로 말하면, 생명이란 무엇일까?

나는 생애의 많은 시간에 걸쳐서 이 문제를 고민해왔지만, 흡족한 답을 찾기란 쉽지 않았다. 아마도 놀라는 사람들이 많겠지만, 생명의 표준 정의 같은 것은 존재하지 않는다. 과학자들이 오랜 세월 이 문제를 붙들고 씨름해왔음에도 그렇다. 이 책의 제목인 『생명이란 무엇인가(*What is Life?*)』조차도 뻔뻔하게 한 물리학자, 즉 에르빈 슈뢰딩거에게서 가져온 것이다. 그는 1944년에 같은 제목으로, 많은 영향을 미치게 될 책을 냈다. 열역학 제2법칙에 따라서 무질서와 카오스의 상태를 향해 계속 나아가는 우주에서, 어떻게 생물들이 그토록 인상적인 질서와 통일성을 대대로 유지할 수 있는지를 다룬 책이다. 슈뢰딩거는 이것이 원대한 질문이라고 본 점에서 매우 옳았으며, 유전을 이해하는 것—유전자가 무엇이며 어떻게 다음 세대로 충실하게 전달되는지—이 이 문제를 풀 열쇠라고 믿었다.

이 책에서 나는 같은 질문—생명이란 무엇인가?—을 하고 있지만, 유전의 비밀을 푸는 **것만이** 완전한 답을 얻는 길이라고는 보지 않는다. 대신에 나는 생물학의 탁월한 개념 5가지를 한 번에 한 단씩 걸어 올라가는 계단으로 삼아서, 생명이 어떻게 작동하는지를 단계적으로 명확하게 파악하고자 한다. 이 각각의 개념은 대부분 오래 전에 나온 것이며, 생물이 어떻게 기능하는지를 설명한다고 널리 받아들여져 있다. 그러나 나는 이 다양한 개념들을 새로운 방식으로 묶어서 생명을 정의하는 통일된 원리 집합을 개발하는 데에 이용하려고 한다. 이 방식이 이 책을 읽는 여러분이 새로운 눈으로 살아 있는 세계를 볼 수 있도록 하는 일에 보탬이 되기를 바란다.

시작하기에 앞서서, 우리 생물학자들이 원대한 개념과 거대한 이론을 이야기하는 것을 꺼리고는 한다는 점을 말해두고자 한다. 이 점에서 우리는 물리학자들과 조금 다르다. 우리는 특정한 서식지에서 사는 모든 종의 목록을 작성하든, 한 딱정벌레의 다리에 난 털의 개수를 세든, 유전자 수천 개의 서열을 분석하든 간에, 세부 사항, 목록 작성, 기재에 몰두하는 쪽을 좋아한다는 인상을 심어주고는 한다. 자연은 당혹스러울 만치, 더 나아가 감당할 수 없을 만치 압도적인 다양성을 가지고 있어서 단순한 이론과 통일된 개념을 찾기가 어려워 보이기도 한다. 그러나 생물학에도 원대한 형태의 포괄적인 중요한 개념들이 있다. 생명의 이런 온갖 복잡성을 이해하는 데에 도움을 주는 개념들이다.

내가 이 책에서 설명하려는 5가지 개념은 다음과 같다. “세포”, “유전자”, “자연선택을 통한 진화”, “화학으로서의 생명”, “정보로서의 생명”이다. 나는 이런 개념들이 어떻게 나왔는지, 왜 중요한지, 어떻게 상호작용하는지를 설명하고, 전 세계의 과학자들이 계속해서 새로운 발견을 해냄에 따라서 지금도 변하고 발전하고 있음을 보여주고자 한다. 또한 과학적 발견을 위해서 애쓴다는 것이 어떤 것인지를 여러분이 조금이나마 느껴보도록 하고 싶기에, 이런 발전을 이룬 과학자들도 소개할 것이다. 그들 중에는 내가 개인적으로 아는 과학자들도 있다. 또 직감, 좌절, 행운, 진정으로 새로운 깨달음을 얻는 드물게 찾아오는 놀라운 순간 등 실험실에서 내가 연구를 하면서 겪었던 일들도 들려줄 것이다. 과학적 발견의 짜릿함을 공유하고 자연 세계를 점점 더 이해해갈 때의 만족감을 여러분도 느껴보도록 하는 것이 내가 바라는 목표이다.

인간 활동은 우리의 기후와 기후가 지탱하는 생태계의 상당 부분을 견딜 수 있는 한계까지—아니 그 너머까지—내몰고 있다. 우리가 아는 지금의 생명을 유지하려면, 살아 있는 세계를 연구함으로써 얻을 수 있는 모든 깨달음을 활용해야 할 것이다. 앞으로 몇 년 그리고 수십 년에 걸쳐서 사람들이 어떻게 살아가고, 태어나고, 먹고, 치료하고, 세계적인 유행병을 예방할지를 놓고 선택을 내려야 할 때, 생물학이 지침을 제공할 것이라고 보는 이유가 바로 이 때문이다. 이 책은 생물학 지식의 응용 사례를 몇 가지 살펴보고, 그런 응용이 야기할 수 있는 어려운 균형 잡기, 윤리적 불확실성, 의도하지 않은 결과를 이야기할 것이다. 그러나 이런 주제들을 둘러싼, 점점 커져가는 논쟁에 끼어들기 전에, 먼저 생명이 무엇이며 어떻게 기능하는지를 물을 필요가 있다.

우리가 사는 우주는 방대하고, 우리의 경외심을 일으키지만, 그 드넓은 우주의 여기 한구석에서 번성하고 있는 생명이야말로 우주의 가장 매혹적이면서 수수께끼 같은 부분에 속한다. 이 책의 5가지 개념은 올라갈수록 지구의 생명을 정의하는 원리들을 서서히 드러내주는 계단 역할을 할 것이다. 또 이 개념들은 우리 행성의 생명이 처음에 어떻게 시작되었을지 그리고 우주의 다른 어딘가에서 마주칠 생명이 어떤 모습일지를 생각하는 데에도 도움이 될 것이다. 여러분의 출발점이 어느 곳이든 간에—자신이 과학을 거의 또는 전혀 모른다고 생각할지라도—이 책을 덮을 무렵이면, 여러분과 나, 그리고 섬세한 노란 나비와 우리 행성의 다른 모든 생물들이 서로 어떻게 연결되어 있는지를 더 깊이 이해하게 될 것이다. 내가 이 책에서 목표로 삼은 바가 바로 그것이다.

그럼으로써 우리 모두가 생명이 무엇인지를 더 깊이 이해하는 방향으로 나아가기를 바란다.

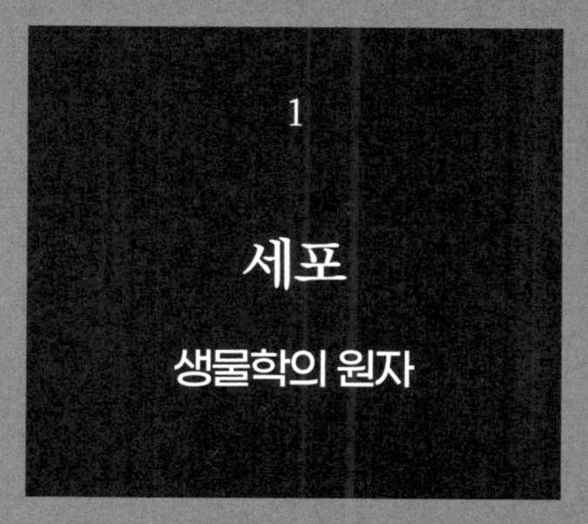

1

세포

생물학의 원자

나는 노란 나비와 마주친 지 얼마 지나지 않아서, 학교에서 처음으로 세포를 보았다. 우리 반 친구들이 직접 키운 양파의 뿌리를 슬라이드에 올려서 짓누른 뒤, 뿌리가 무엇으로 이루어졌는지를 현미경으로 들여다보았다. 학생들에게 꿈을 주는 생물학 교사 키스 닐은 우리가 생명의 기본 단위인 세포를 보게 될 것이라고 설명했다. 실제로 그러했다. 상자 모양의 세포들이 질서 있게 줄줄이 늘어서 있었다. 이런 작은 세포들의 성장과 분열이 양파 뿌리를 흙 속으로 뻗는 힘과 자라는 식물에 물과 양분과 지지대를 제공한다니 정말로 놀라웠다.

세포에 관해서 배우면 배울수록, 경이감은 커져가기만 했다. 세포는 모양과 크기가 놀라울 만치 다양하다. 대부분은 너무 작아서 맨눈으로 볼 수 없다. 정말로 작다. 방광에 감염증을 일으킬 수 있는 전형적인 기생성 세균은 3,000마리를 늘어세워야 1밀리미터쯤 된다. 반면에 아주 큰 세포도 있다. 아침에 달걀을 먹을 때, 그 노른자 전체가 하나의 세포라는 사실을 떠올려보기를. 우리 몸의 세포 중에도 아주 큰 것들이 있다. 예를 들면, 등뼈의 맨 아래에서부터 엄지발가락 끝까지 뻗어 있는 신경 세포도 있다. 세포의 길이가 약 1미터에 달할 수 있다는 의미이다!

이런 온갖 다양성도 놀랍기는 하지만, 내가 가장 관심을 가진 것은 모든 세포가 지닌 공통점이다. 과학자들은 언제나 근본 단위를 파악하는 일에 관심을 보인다. 물질의 기본 단위인 원자가 가장 좋은 사례이다. 생물학의 원자가 바로 세포이다. 세포는 생물의 구조적 기본 단위이자, 생명의 기능적 기본 단위이기도 하다. 이 말은 세포가 생명의 핵심 특징을 지닌 가장 작은 실체라는 뜻이다. 이것이 생물학자들이 **세포론**(cell theory)이라고 말하는 것의 토대이다. 우리가 아는 한, 지구상에 살아 있는 모든 것은 세포 하나 또는 세포의 집합으로 이루어져 있다는 이론이다. 분명히 말하지만, 세포는 살아 있다고 말할 수 있는 것들 가운데 가장 단순하다.

세포론은 약 150년 전에 나왔으며, 생물학의 중요한 토대가 되었다. 이 개념이 생물학의 이해에 중요하다는 점을 생각하면, 지금은 사람들이 이 개념을 시큰둥하게 대한다는 사실이 놀랍게 느껴진다. 대다수가 학교 생물 수

업 시간에 세포를 그저 더 복잡한 생물을 구성하는 기본 단위라고 생각하라고 배워서일 수도 있다. 그러나 실제로 세포는 훨씬 더 흥미로운 것이다.

세포 이야기는 1665년 로버트 훅에게서 시작된다. 그는 당시 막 창립된 런던 왕립학회의 회원이었다. 왕립학회는 세계 최초의 과학 협회이다. 과학에서 종종 그렇듯이, 그의 발견도 새로운 기술 덕분에 나올 수 있었다. 대부분의 세포는 너무 작아서 맨눈으로 보이지 않기 때문에, 세포의 발견은 17세기 초 현미경이 발명된 뒤에야 이루어질 수 있었다. 과학자는 이론가와 숙련된 장인을 합친 사람일 경우가 많으며, 훅 역시 바로 그런 인물이었다. 훅은 물리학, 건축학, 생물학의 최전선을 탐사하는 것만큼이나, 과학 기구를 발명하는 일에도 뛰어났다. 그는 직접 현미경을 제작해서, 맨눈으로 볼 수 없는 기이한 세계를 탐사하는 일에 나섰다.

훅이 들여다본 것들 가운데 하나는 얇게 자른 코르크 조각이었다. 그는 코르크 조각이 줄줄이 이어진 벽으로 둘러싸인 방들로 이루어져 있음을 보았다. 300년 뒤에 내가 수업 시간에 양파 뿌리 끝에서 본 세포들과 매우 흡사했다. 그는 라틴어 단어 켈라(cella)를 토대로 이 방에 셀

(cell, 세포)이라는 이름을 붙였다. 작은 방이라는 뜻이었다. 당시 훅은 자신을 매혹시켰던 세포가 사실은 모든 식물뿐만 아니라, 모든 생명의 기본 구성 요소라는 사실을 알지 못했다.

그로부터 얼마 지나지 않아서, 네덜란드의 연구자 안톤 판 레이우엔훅은 단세포 생물을 발견함으로써 또다른 중요한 관찰을 했다. 그는 연못에서 떠온 물에서 이런 아주 작은 생물들이 헤엄치는 것을 보았고, 자신의 치아에서 긁어낸 치석에서도 미생물을 관찰했다. 그는 기분이 썩 좋지 않았다. 자신이 치아 위생에 꽤 신경을 쓴다고 자부하고 있었기 때문이다! 그는 이런 아주 작은 생물에 "미소동물(animalcule)"이라는 귀여운 이름을 붙였다. 이 이름은 지금은 더 이상 쓰이지 않는다. 그가 자신의 치아에서 번성하고 있음을 발견한 생물은 사실 문헌에 기재된 최초의 세균이었다. 레이우엔훅은 미세한 단세포 생명체라는 완전히 새로운 영역과 맞닥뜨렸던 것이다.

현재 우리는 세균을 비롯한 미생물 세포들—"미생물(microbe)"은 단세포 형태로 살 수 있는 모든 미세한 생물을 가리키는 일반 용어이다—이 지구에서 월등하게 가장 수가 많은 생명체임을 알고 있다. 저 높은 상공에서부터 지각 깊숙한 곳까지, 모든 환경에서 살고 있다. 미생물이 없다면, 생명도 없을 것이다. 미생물은 쓰레기를 분해하고, 토양을 만들고, 영양소를 재순환하고, 공기에서 동식물이 자라는 데에 필요한 질소를 포획한다. 그리고 과학자들은 자신의 몸을 살펴보았을 때, 우리 몸을 구성하는 30조 개가 넘는 세포 1개당 미생물 세포도 적어도 하나 이상 있다는 것을 알게 되었다. 여러분은—그리고 다른 모든 사람도—고립된 개별 실체가 아니라, 사람 세포와 그밖의 세포로 이루어진 방대하면서 끊임없이 변하는 군체이다. 이런 미세한 세균과 균류의 세포는 우리의 **피부**와 **몸속**에서 살면서 우리가 음식을 소화하고 질병에 맞서 싸우는 양상에 영향을 미친다.

그러나 17세기 이전까지는 이런 보이지 않는 세포가 눈에 보이는 다른 생명체들과 동일한 기본 원리에 따라서 작동한다는 생각을 하기는커녕, 그런 것이 존재한다는 생각조차 해본 사람이 없었다.

18세기부터 19세기 초에 이르기까지 현미경과 관련 기술이 개선되면서, 곧 과학자들은 다른 온갖 생물들의 세포도 파악하기 시작했다. 그러면서 모든 동식물이, 레이우엔훅이 몇 세대 전에 파악했던 미소동물들이 모여서 형성된 것이라고 추정하는 이들이 나타나기 시작했다. 그리고 기나긴 잉태기를 거친 뒤, 마침내 온전한 세포론이 탄생했다. 1839년 식물학자 마티아스 슐라이덴과 동물학자 테오도어 슈반은 자신들과 다른 많은 연구자들의 연구 결과를 종합하면서 이렇게 썼다. "우리는 모든 생물이 본질적으로 동일한 부분으로, 즉 세포로 이루어져 있음을 보았다." 과학은 마침내 세포가 생명의 구조적 기본 단위라는 깨달음이 담긴 결론에 이르렀다.

이 깨달음은 모든 세포가 그 자체로 하나의 생명체라는 점을 생물학자들이 알아차리면서 더욱 심오한 의미를 가지게 되었다. 선구적인 병리학자 루돌프 피르호가 그 개념을 간파했다. 그는 1858년에 이렇게 썼다. "모든 동물은 생명 단위의 합처럼 보이며, 그 단위 하나하나는 그 자체로 생명의 특징들을 온전히 다 지니고 있다."

이 말의 의미는 모든 세포가 그 자체로 살아 있다는 것이다. 생물학자들은 다세포 동식물의 몸에서 세포를 떼어내 유리나 플라스틱 용기에서, 때로는 페트리 접시라는 납작한 용기에서 배양하는 방법을 통해서 이 점을 가장 생생하게 보여준다. 이런 세포주(細胞株) 중에서 일부는 수십 년째 전 세계의 실험실에서 계속 자라고 있다. 덕분에 연구자들은 생물 전체의 복잡성을 다룰 필요 없이 생물학적 과정을 연구할 수 있다. 세포는 활동한다. 즉 움직이고 환경에 반응할 수 있고, 세포의 내용물은 언제나 움직이고 있다. 동물이나 식물 같은 생물 전체에 비해서 세포는 단순해 보일지는 모르지만, 명백히 살아 있다.

그러나 슐라이덴과 슈반이 원래 정립했던 세포론에는 중요함에도 불구하고 빠진 내용이 하나 있었다. 새로운 세포가 어떻게 출현하는지를 제시하지 않았다는 점이다. 그 빠진 내용은, 생물학자들이 한 세포가 스스로 둘로 나뉘어서 번식한다는 것을 알아차리고, 세포가 오직 이미 존재하는 세포의 분열을 통해서만 생겨난다고 결론지음으로써 메워졌다. 피르호는 라틴어 경구를 써서 이 개념을 널리 알렸다. "모든 세포는 세포에서 나온다(Omnis cellula e cellula)." 이 말은 당시 사람들에게 여전히 인기가 있었던 잘못된 개념을 논박하는 데에도 도움을 주었다. 생명이 언제나 비활성 물질로부터 자연발생적으로 생긴다는 개념이었는데, 이것은 틀렸다.

세포 분열은 모든 생물의 성장과 발달의 토대이다. 동물의 수정란 하나가 세포들의 덩어리로 변했다가, 이윽고 고도로 복잡하고 조직된 생명체인 배아(胚芽)로 변신하는 과정을 시작하는 대단히 중요한 첫 단계이다. 이 모든 과정은 하나의 세포가 분열하여 서로 다른 정체성을 지닐 수 있는 두 개의 세포가 되면서 시작한다. 그 뒤에 일어나는 배아의 발달 과정 전체도 동일한 과정에 토대를 둔다. 즉 세포 분열이 되풀이되고, 그렇게 나온 세포들이 성숙하여 서서히 특수한 조직과 기관으로 분화함에 따라서, 배아는 점점 더 정교한 체계를 갖추어간다. 이는 크기와 복잡성과 상관없이, 모든 생물이 하나의 세포에서 나온다는 의미이다. 나는 우리 모두가 잉태의 순간에 정자와 난자가 융합되어 생긴 하나의 세포에서 출발했다는 점을 기억한다면, 세포를 좀더 존중하는 마음을 가지게 되지 않을까 하는 생각이 든다.

세포 분열은 몸이 스스로를 치유하는 기적 같은 현상도 설명한다. 이 책장의 가장자리에 손가락을 베이면, 베인 자리 주위에서 국부적인 세포 분열이 일어나서 상처를 아물게 함으로써, 건강한 몸을 유지하는 데에 기여할 것이다. 그러나 암은 새로운 세포 분열을 자극하는 신체 능력의 불행한 이면이다. 암은 세포의 분열과 성장이 통제 불능으로 진행되면서 생기며, 악성 종양은 퍼지면서 몸을 손상시키거나 심지어 죽일 수도 있다.

성장, 수선, 퇴화, 악성화는 모두 병들거나 건강하고, 젊거나 늙은 세포의 특성 변화와 관련이 있다. 사실, 대부분의 질병은 세포의 기능 이상으로까지 거슬러올라갈 수 있고, 세포에서 무엇이 잘못되었는지를 이해하는 것이야말로 병을 치료할 새로운 방법을 개발하는 토대가 된다.

세포론은 생명과학과 의학의 연구 경로에 지속적으로 영향을 미치고 있으며, 또한 나의 삶도 크게 변화시켰다. 열세 살에 실눈을 뜨고 현미경으로 양파 뿌리 끝의 세포를 들여다본 이래로, 나는 세포와 그것이 어떻게 작동하는지에 늘 호기심을 가지고 있었다. 생물학 연구자의 길을 걷기 시작했을 때, 나는 세포를, 특히 세포가 어떻게 번식을 하고 분열을 통제하는지를 연구하기로 마음먹었다.

1970년대에 내가 연구를 시작한 세포는 효모 세포였다. 대부분의 사람들이 생물의 근본 문제를 다루는 쪽이 아니라 포도주나 맥주, 빵을 만드는 데에만 좋다고 생각하는 바로 그 생물 말이다. 그러나 사실 효모는 더 복잡한 생물의 세포가 어떻게 작동하는지를 이해하는 데에 아주 좋은 모델 생물이다. 효모는 균류이다. 그러나 그 세포는 동식물의 세포와 놀라울 만치 비슷하다. 또 작고 비교적 단순하며, 간소한 영양소만으로 빨리 그리고 적은 비용으로 배양할 수 있다. 실험실에서 효모는 액체 배지에서 자유롭게 떠다니면서 자라거나, 플라스틱 페트리 접시의 젤리 층 위에서 자란다. 페트리 접시에서는 지름 몇 밀리미터의 크림색 군체를 형성하며, 각 군체는 수백만 마리의 세포로 이루어진다. 단순함에도, 아니 더 정확히 말하자면 단순하기 때문에, 효모 세포는 사람의 세포를 포함한 대다수의 생물에서 세포가 어떻게 분열하는지를 이해하는 데에 도움을 주었다. 암 세포의 통제되지 않은 세포 분열에 관해서 우리가 알고 있는 지식 중에는 이 보잘것없는 효모를 연구하여 처음 알게 된 것들이 아주 많다.

세포는 생물의 기본 단위로, 지방 비슷한 지질로 된 막으로 감싸인 살아 있는 실체이다. 그러나 원자에 전자와 양성자가 들어 있는 것처럼, 세포에도 더 작은 구성 요소들이 들어 있다. 현재의 현미경은 아주 성능이 좋으며, 생물학자들은 현미경을 이용해서 세포 안에서 복잡하면서 때로 아주 아름답기까지 한 구조를 찾아내고는 한다. 이런 구조들 중에서 가장 큰 것들은 **세포 소기관**(organelle)이라고 하며, 저마다 따로 막으로 감싸여 있다. 그중에 **세포핵**(nucleus)은 세포의 지휘소이며, 그 안의 염색체에는 유전자 명령문이 들어 있다. 또 몇몇 세포에 수백 개까지도 들어 있는 **미토콘드리아**(mitochondria)는 아주 작은 발전소 역할을 하며, 세포가 자라고 살아가는 데에 필요한 에너지를 공급한다. 또 세포 안에는 세포 성분들을 만들고 분해하고 재순환할 뿐만 아니라, 물질을 세포 안팎으로 운반하고 세포 안에서 여기저기로 옮기는 복잡한 운송 기능을 맡은 다양한 공간과 방이 있다.

그러나 모든 생물이 이렇게 막으로 감싸인 세포 소기관과 복잡한 내부 구조를 지닌 세포로 이루어진 것은 아니다. 세포핵의 존재 여부에 따라서, 생명은 크게 두 계통으로 나뉜다. 동물, 식물, 균류처럼 세포핵을 지닌 세포로 이루어진 생물은 **진핵생물**(eukaryote)이라고 한다. 세포핵이 없는 세포로 이루어진 생물은 **원핵생물**(prokaryote)이다. 세균이나 고세균을 말한다. 고세균은 크기와 구조를 보면 세균과 비슷하지만, 실제로는 아주 먼 친척이다. 분자 수준에서 고세균의 활동을 보면 세균보다는 우리 같은 진핵생물의 것과 더 비슷한 측면이 있다.

원핵생물이든 진핵생물이든 간에, 세포에 대단히 중요한 구성 요소 중의 하나는 세포막이다. 비록 겨우 분자 2개 두께이지만, 세포막은 세포를 환경과 분리하는, 즉 어디가 "안"이고 어디가 "밖"인지를 정의하는 "벽" 또는 장벽이 된다. 이 장벽은 철학적으로만이 아니라 현실적으로도 중요하다. 궁극적으로, 이 장벽은 생명체가 무질서와 카오스를 향하는 우주의 전반적인 흐름에 저항하는 데에 성공할 수 있는 이유를 설명한다. 이 격리하는 막 안에서, 세포는 활동에 필요한 질서를 확립하고 촉진할 수 있으며, 그 대신에 세포 바깥의 국소 환경을 더욱 무질서한 상태로 만든다. 이 삶의 방식은 열역학 제2법칙을 부정하는 것이 아니다.

모든 세포는 내면 상태와 주변 세계의 상태에 나타나는 변화를 감지하고 반응할 수 있다. 따라서 비록 환경과 분리되어 있다고 할지라도, 세포는 주변 환경과 긴밀하게 소통한다. 또 생존과 번성을 가능하게 해주는 내부 조건을 유지하기 위해서 끊임없이 활동하고 일한다. 내가 어릴 적에 지켜본 나비나 우리 자신 등 눈에 더 잘 띄는 생물들도 같은 특징을 보인다.

사실 세포는 모든 종류의 동물, 식물, 균류와 많은 특징을 공유한다. 성장하고, 번식하고, 자신을 유지하며, 이 모든 일을 할 때에 목적을 드러낸다. 즉 무슨 일이 있어도 존속하고, 살아 있고, 번식하라는 명령에 따른다. 레이우엔훅이 치아 사이에서 발견한 세균에서부터 이 책의 단어들을 읽을 수 있도록 해주는 뉴런에 이르기까지, 모든 세포는 모든 생물과 이런 동일한 특성을 공유한다. 세포가 어떻게 작동하는지를 이해하면 생명이 어떻게 작용하는지를 더욱 잘 이해할 수 있다.

세포라는 존재의 핵심에는 유전자가 있다. 유전자는 다음 장에서 다룰 주제이다. 유전자는 각 세포가 스스로를 만들고 조직하는 데에 사용하는 명령문을 담고 있으며, 세포와 생물이 번식할 때에 생기는 모든 새 세대로 전달되어야 한다.

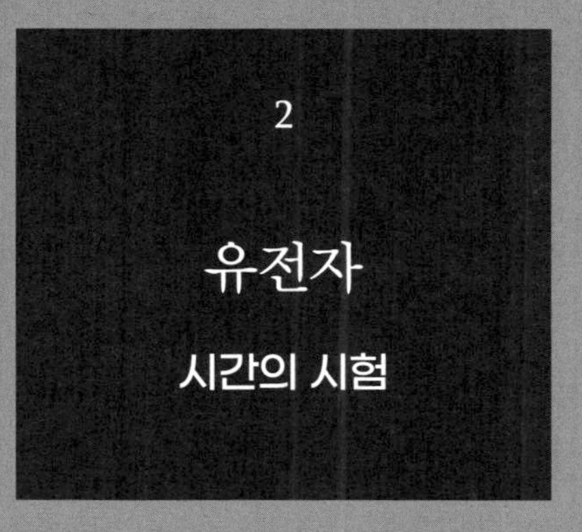

2

유전자

시간의 시험

나는 딸이 두 명이고 손주가 네 명이다. 그들 모두는 놀라울 정도로 독특하다. 예를 들면 큰딸 세라는 텔레비전 방송국 프로듀서이고, 작은딸 에밀리는 물리학과 교수이다. 그러나 딸들, 손주들, 나, 나의 아내 앤이 공통적으로 지닌 특징들도 있다. 가족의 닮은 점은 뚜렷할 수도 미묘할 수도 있다. 키, 눈동자의 색깔, 입이나 코의 곡선, 심지어 특정한 태도와 얼굴 표정 등이 그렇다. 변이도 많이 있지만, 세대 사이의 연속성이 있다는 것도 부정할 수 없다.

부모와 자식 사이에 유사성이 있다는 것은 모든 생물을 정의하는 특징이다. 아리스토텔레스를 비롯한 고대 사상가들이 오래 전에 알아차린 것이기도 하지만, 생물 유전의 토대는 오랫동안 난공불락의 수수께끼로 남아 있었다. 긴 세월이 흐르는 동안 다양한 설명들이 제시되었고, 그중에는 오늘날 조금 별나게 들리는 것들도 있다. 예를 들면, 아리스토텔레스는 특정한 토질(土質)이 씨앗에서 싹을 틔우고 자라나는 식물의 성장에 영향을 미치듯이,

동일한 방식으로 어머니만이 태어나지 않은 아기의 발달에 영향을 미친다고 추측했다. “피의 혼합”으로 설명하는 이들도 있었다. 아이가 부모의 특징이 균등하게 섞인 혼합물을 물려받는다는 것이다.

유전이 어떻게 이루어지는지를 더 실질적으로 이해할 길을 연 것은 유전자의 발견이었다. 유전자는 가계로 대물림되는 독특한 특징들과 닮은 점들의 복잡한 혼합물을 이해하는 데에 도움이 될 방법을 제공할 뿐만 아니라, 생명이 세포 그리고 더 나아가 세포로 이루어진 생물을 만들고 유지하고 증식하는 데에 사용하는 정보의 핵심 원천이다.

현재의 체코공화국에 자리한 브르노 수도원의 원장이었던 그레고어 멘델은 유전의 수수께끼를 얼마간 이해한 최초의 인물이었다. 그러나 그는 때로 당혹스러운 양상을 보이고는 하는 사람 가계의 유전을 연구해서 그런 이해에 다다른 것이 아니었다. 대신에 그는 완두를 대상으로 꼼꼼한 실험을 수행하여, 우리가 오늘날 유전자라고 부르는 것의 발견으로 이어지게 될 개념에 도달했다.

멘델이 유전에 관한 의문을 풀기 위해서 과학적 실험을 활용한 최초의 인물은 아니었으며, 식물을 이용해서 답을 찾고자 한 첫 번째 사람도 아니었다. 그보다 앞서서 식물 육종가들은 식물의 몇몇 특징들이 직관에 반하는 방식으로 다음 세대로 전달되고는 한다는 것을 기술한 바 있었다. 두 다른 부모 식물을 교배하여 얻은 자식 세대는 때로 둘 사이의 혼합물처럼 보였다. 예를 들면, 꽃이 자주색인 식물과 흰색인 식물을 교배하면, 분홍색 꽃이 피는 식물이 나올 수 있었다. 그러나 어떤 특징들은 언제나 특정한 세대에서 우위에 있는 듯했다. 특징의 우열이 뚜렷하다면 꽃이 자주색인 식물과 흰색인 식물의 자식 세대는 언제나 자주색을 띨 것이다. 이런 초기 연구자들은 많은 흥미로운 단서들을 모았지만, 유전이 우리 인간을 포함한 모든 생물에서 본질적으로 어떻게 작동하는지를 설명하기는커녕, 식물에서 어떻게 작동하는지조차도 그럭저럭 흡족할 정도로 이해하는 수준에까지 이른 사람은 한 명도 없었다. 멘델이 완두 연구를 통해서 밝혀내기 시작한 것은 바로 그 부분이다.

냉전이 한창이던 1981년에 나는 멘델이 연구하던 곳을 보기 위해서 브르노의 아우구스티누스파 수도원으로 나름의 순례 여행을 떠났다. 지금처럼 관광객이 몰리는 곳이 되기 오래 전의 일이었다. 정원은 식물들이 조금은 웃

자라 있었는데, 놀라울 만치 컸다. 나는 멘델이 그곳에서 길렀던 완두 식물들이 줄줄이 자라는 광경을 쉽게 상상할 수 있었다. 그는 빈 대학교에서 자연과학을 공부했지만, 교사 자격증을 따지 못했다. 그러나 자연과학 강의에서 배운 것들은 그의 머릿속에 남아 있었다. 그는 많은 데이터가 필요하다는 점을 명확히 인식했다. 표본이 클수록 중요한 패턴들이 드러날 가능성이 더 높다. 그의 실험 중에는 완두 식물 1만 그루를 조사한 것도 있었다. 그 이전의 식물 육종가들 중에서 이렇게 대규모로 엄밀하게 정량적인 접근법을 취한 사람은 아무도 없었다.

실험의 복잡성을 줄이기 위해서 멘델은 뚜렷하게 차이를 보이는 형질에만 초점을 맞추었다. 그는 7년에 걸쳐서 자신이 수행한 교배의 결과를 꼼꼼하게 기록했고, 다른 사람들이 놓친 패턴을 찾아냈다. 가장 중요한 관찰은 특정한 꽃 색깔이나 씨앗의 모양처럼 특정한 형질이 있거나 없는 완두 식물들이 독특한 산술 비로 나타난다는 것이었다. 멘델이 한 중요한 일들 가운데 하나는 이 비를 수학 급수 형태로 나타낸 것이었다. 그런 분석 끝에 그는 완두꽃에 있는 밑씨와 꽃가루, 즉 암수 생식기관에 부모 식물의 서로 다른 형질과 관련이 있는 이른바 "원소

(element)"라는 것이 들어 있다고 제시하기에 이르렀다. 이 원소들은 수정을 통해서 하나가 됨으로써, 다음 세대의 식물의 형질에 영향을 미친다. 그러나 멘델은 이 원소가 무엇인지, 또 어떻게 작동하는지는 알지 못했다.

흥미로운 우연의 일치로, 또다른 유명한 생물학자 찰스 다윈은 멘델과 거의 같은 시기에 금어초라는 식물을 교배하면서 연구를 하고 있었다. 그도 비슷한 비를 관찰했지만, 그것이 어떤 의미가 있는지 해석하려고 시도하지 않았다. 아무튼 멘델의 연구는 동시대 사람들에게 거의 완전히 무시되었으며, 한 세대가 지난 뒤에야 비로소 진지하게 살펴보는 이들이 나타났다.

1900년경 몇몇 생물학자들이 서로 독자적으로 멘델의 연구 결과를 재현했고, 더 발전시켰으며, 유전이 **어떻게** 이루어지는지를 더 구체적으로 예측하기 시작했다. 이런 연구를 통해서 그 선구적인 수도사를 기리기 위해서 붙여진 명칭인 멘델의 유전 법칙과 유전학이 탄생했다. 이제 세계는 유전에 주목하기 시작했다.

멘델 법칙은 유전되는 형질이 물질 입자를 통해서 결정되며, 그 입자는 쌍으로 존재한다고 본다. 멘델이 "원소"라고 부른 이 "입자"를 오늘날에는 유전자라고 부른다.

멘델 법칙은 이런 입자가 무엇인지는 그다지 언급하지 않았지만, 어떻게 유전되는지는 아주 정확하게 기술했다. 그리고 가장 중요한 점은 이런 결론이 완두뿐만 아니라, 효모에서 사람에 이르기까지 그리고 그 사이에 놓인 유성생식하는 모든 종에 적용된다는 사실이 서서히 명확하게 드러났다는 것이다. 우리의 모든 유전자는 쌍으로 존재하며, 생물학적 부모 양쪽으로부터 하나씩 물려받았다. 잉태의 순간에 융합되는 정자와 난자를 통해서 전달되었다.

19세기 말의 30여 년 동안 멘델의 발견은 누구의 관심도 받지 못한 채 묻혀 있었지만, 과학 전체는 멈춰 있지 않았다. 특히 연구자들은 마침내 세포 분열 과정에 있는 세포를 더 뚜렷하게 관찰할 수 있었다. 이런 관찰이 이윽고 멘델 법칙이 제시하는 유전되는 입자와 결부되자, 유전자가 생명에 핵심적인 역할을 한다는 사실이 더욱 뚜렷해졌다.

연구 초기에 얻은 단서들 가운데 하나는 세포 안에서 발견된 미세한 실처럼 보이는 구조물이었다. 이런 구조물은 군의관이었다가 세포학자가 된 독일의 발터 플레밍이 1870년대에 처음 관찰했다. 그는 당시에 성능이 가장 좋은 현미경을 이용해서 이런 미세한 실이 흥미로운 방식으로 행동한다는 것을 기술했다. 그는 세포가 분열할 준비를 할 때, 이 실이 더 짧아지고 굵어진 뒤, 양쪽으로 벌어지면서 둘로 나뉘는 것을 관찰했다. 그리고 세포가 둘로 나뉠 때, 실들도 **분리되어서** 절반씩 새로 형성된 두 딸세포로 들어갔다.

플레밍이 보고는 있었지만 당시에는 제대로 이해하지 못했던 것은 이 실이 바로 유전자의 물질적 표현, 즉 멘델이 말한 유전되는 입자라는 사실이었다. 플레밍이 "실"이라고 부른 것을 지금 우리는 **염색체**라고 말한다. 염색체는 유전자를 지닌 모든 세포에 들어 있는 물질 구조물이다.

그 무렵에 유전자와 염색체에 관한 또다른 중요한 단서가 의외의 곳에서 나왔다. 바로 기생성 선충의 수정란이었다. 벨기에의 생물학자 에두아르 반 베네당은 선충 발생의 초기 단계들을 자세히 조사했는데, 갓 수정된 배아의 첫 세포에 4개의 염색체가 들어 있는 것을 현미경으로 확인했다. 정확히 난자에서 2개, 정자에서 2개를 받은 것이었다.

멘델 법칙이 예측한 것에 정확히 들어맞는 사례였다. 수정이 이루어지는 순간에 두 유전자 집합이 모여서 짝을 이룬다는 것 말이다. 반 베네당의 관찰은 그 뒤로 여러 차례 재확인되었다. 난자와 정자에는 염색체의 절반이 들어 있고, 둘이 융합하여 수정란이 될 때에 염색체 수가 원래대로 돌아온다. 현재 우리는 선충의 유성생식에 들어맞는 이 내용이 우리 인간을 포함한 모든 진핵생물에도 들어맞는다는 것을 안다.

염색체 수는 종에 따라서 크게 다르다. 완두는 14개이고, 우리는 46개이며, 아틀라스파란부전나비(Atlas blue butterfly)는 400개가 넘는다. 반 베네당에게는 다행스럽게도, 선충은 겨우 4개였다. 염색체 수가 더 많았다면, 쉽게 셀 수 없었을 것이다. 그는 비교적 단순한 선충에 초점을 맞춘 덕분에, 유전에 관한 보편적 진리를 엿볼 수 있었다. 우리는 단순한 생물을 대상으로 확실하게 해석할 수 있는 실험을 하는 것에서 시작하여, 좀더 일반적으로 생명의 작동 방식과 관련이 있는 더 폭넓은 통찰로 나아간다. 바로 그런 이유로 나는 생애의 대부분을 더 복잡한 인간 세포가 아니라, 단순하면서 연구하기 쉬운 효모 세포를 조사하는 일에 바쳤다.

플레밍과 반 베네당의 발견을 종합하자, 염색체가 분열하는 세포의 세대 사이에 그리고 전체 생물의 세대 사이에 유전자를 전달한다는 것이 분명해졌다. 성숙하면 세포핵과 그 안에 든 유전자가 모조리 없어지는 적혈구 같은 몇몇 특수한 사례들을 제외하고, 우리 몸의 모든 세포에는 모든 유전자들이 온전히 갖추어져 있다. 이 유전자들은 협력하여 하나의 수정란에서 온전한 형태를 갖춘 몸으로 발달하는 과정을 이끄는 크나큰 역할을 한다. 그리고 각 생물의 평생에 걸쳐서, 유전자들은 세포를 만들고 유지하는 데에 필요한 필수 정보를 그 세포에 제공한다. 따라서 세포가 분열할 때마다 유전자 집합 전체는 복제되어서 새로 형성된 두 세포에 똑같이 들어가야 한다. 이는 생물학에서 세포 분열이 번식에 근본적인 역할을 한다는 뜻이다.

생물학자들이 그 다음으로 해결할 커다란 도전 과제는 유전자가 실제로 무엇이고 어떻게 작동하는지를 이해하는 것이었다. 첫 번째 원대한 통찰은 1944년에 나왔다. 뉴욕에서 미생물학자 오즈월드 에이버리가 이끄는 소규모 연구진이 유전자가 어떤 물질로 이루어져 있는지를 알아내는 실험을 진행했다. 에이버리 연구진은 폐렴을 일으키는 세균을 연구하고 있었다. 그들은 이 세균의 무해한 균주를 병원성 균주의 죽은 세포 잔해와 섞으면 위험한 병원성 균주로 바뀔 수 있다는 것을 알아냈다. 중요한 점은 이 변화가 유전될 수 있다는 것이었다. 병원성을 획득한 세균은 모든 후손에게 그 병원성이라는 형질을 물려주었다. 그래서 에이버리는 해로운 죽은 세포의 잔해에 있던 화학 물질 형태의 유전자 하나 또는 여러 개가 살아 있는 무해한 세균으로 전달되어서, 형질을 영구히 바꾼 것이라고 추론했다. 그는 죽은 세균에서 이 **유전적** 전환을 일으키는 물질을 찾아낼 수 있다면, 유전자가 무엇으로 되어 있는지를 마침내 보여줄 수 있을 것임을 깨달았다.

그 형질을 전환시키는 특성을 지닌 물질은 데옥시리보핵산(deoxyribonucleic acid)임이 드러났다. DNA라는 약어로 더 잘 알려진 물질이다. 그 무렵에 세포 안에서 유전자를 지닌 염색체에 DNA가 포함되어 있다는 것은 널리 알려져 있었지만, 대다수의 생물학자들은 DNA가 너무 단순하고 지루한 분자여서 유전 같은 복잡한 현상을 맡지는 못할 것이라고 생각했다. 이는 완전히 틀린 생각이었다.

우리 염색체 하나하나는 본질적으로 끊기지 않은 채로 죽 이어져 있는 하나의 DNA 분자이다. 염색체는 아주 길 수도 있고, 하나에 수백 개 또는 수천 개의 유전자가 줄줄이 이어진 사슬 형태로 들어 있을 수도 있다. 한 예로, 사람의 2번 염색체에는 1,300개가 넘는 유전자가 들어 있으며, 그 DNA를 죽 펴면 길이가 8센티미터를 조금 넘는다. 따라서 우리의 작은 세포 하나에 들어 있는 염색체 46개를 한 줄로 이으면 DNA의 길이가 2미터를 넘는다는 기이한 결과가 나온다. 포장이 기적처럼 잘 이루어지는 덕분에, 이 긴 DNA는 지름이 수천 분의 1밀리미터에 불과한 세포 안에 들어갈 수 있다. 게다가 우리 몸을 이루는 수조 개의 세포에 든 모든 DNA를 한 줄로 이어서 죽 펼칠 수 있다면, 이 가느다란 실은 길이가 약 200억 킬로미터에 달할 것이다. 지구에서 태양까지 65번을 왕복할 만큼 길다!

에이버리는 아주 겸손한 사람이었으며 자신의 발견을 과시하지도 않았다. 게다가 일부 생물학자들은 그의 결론에 비판적이었다. 그러나 그가 옳았다. 유전자는 DNA로 이루어져 있다. 마침내 그의 결론이 진리임이 받아들여지면서, 유전학과 더 나아가 생물학 전체에 새로운 시대가 열렸다. 마침내 유전자를 화학적 실체로서 이해할 수 있게 된 것이다. 물리학과 화학의 법칙을 따르는 원자들의 안정적인 집합으로서 말이다.

그러나 이 멋진 새 시대의 도래를 진정으로 알린 것은 1953년에 이루어진 DNA 구조의 발견이었다. 생물학에서 가장 중요한 발견은 대부분 수 년 또는 수십 년 동안 현실의 표면을 긁어대면서 서서히 중요한 진리를 드러낸 많은 과학자들의 연구를 토대로 이루어진다. 그러나 때로 훨씬 더 경이로운 통찰이 아주 단시간 내에 이루어지기도 한다. DNA 구조의 발견이 바로 그러했다. 런던에서 일하는 3명의 과학자 로절린드 프랭클린, 레이먼드 고슬링, 모리스 윌킨스는 몇 달 사이에 중요한 실험들을 했고, 그 뒤에 케임브리지의 프랜시스 크릭과 제임스 왓슨은 그 실험 자료를 해석하여 DNA의 구조를 올바로 추론했다. 게다가 그들은 그 구조가 생명에게 어떤 의미가 있는지를 금방 간파했다.

나중에 그들이 더 나이가 든 뒤에, 나는 크릭과 왓슨을 아주 잘 알게 되었다. 그들은 대조적인 한 쌍이었다. 크릭은 예리하고 논리적으로 명쾌한 정신의 소유자였다. 그는 말 그대로 자신의 이글거리는 시선 앞에서 녹아내릴 수 있을 때까지 문제를 얇게 자르고 또 잘랐다. 한편 제임스 왓슨은 직관이 뛰어난 인물이었다. 그는 남들이 미처 보지 못한 결론으로 도약하고는 했다. 어떻게 그런 결론에 이르게 되었는지 불분명할 때도 많았다. 둘 다 자기 확신이 있었고 솔직했으며, 비록 때로 비판적인 태도를 보이기는 했어도 젊은 과학자들과 잘 어울렸다. 둘은 정말로 가공할 조합이었다.

그들이 제시한 DNA 이중 나선의 진정한 아름다움은 멋진 나선을 이루는 구조 자체의 우아함에 있지 않다. 그보다는 그 구조가 유전물질이 생명의 생존과 영속의 토대가 되기 위해서 갖춰야 하는 두 가지 핵심 기능을 설명한다는 데에 있다. 첫째, DNA는 세포와 전체 생물이 성장하고 유지하고 번식하는 데에 필요한 정보를 담고 있어야 한다. 둘째, 각각의 새로운 세포, 새로운 생물이 온전한 유전자 명령문 집합을 물려받을 수 있도록 정확하고 신뢰할 수 있게 자신을 복제할 수 있어야 한다.

비틀린 사다리라고 볼 수도 있는 DNA의 나선 구조는 이 핵심 기능을 둘 다 설명한다. DNA가 어떻게 정보를 운반하는지를 살펴보자. 이 사다리의 단은 염기(nucleotide base)라는 화학 분자들이 쌍쌍이 연결을 이룸으로써 만들어진다. 염기는 네 종류뿐이다. 각각 아데닌(adenine), 티민(thymine), 구아닌(guanine), 시토신(cytosine)으로서, A, T, G, C라는 약자로 쓴다. DNA 사다리의 두 기둥, 즉 가닥을 따라 늘어서 있는 이 네 염기의 순서가 정보를 담은 암호 역할을 한다. 당신이 읽고 있는 이 문장을 이루는 문자들의 열을 통해서 문장의 의미가 전달되는 것과 마찬가지이다. 각 유전자는 이 DNA 암호가 특정한 길이만큼 늘어선 것으로서, 세포에 전달할 메시지를 담고 있다. 이 메시지는 개인의 눈동자 색깔을 정하는 색소를 만들거나, 완두꽃 세포의 색깔을 자주색으로 만들거나, 폐렴균의 병원성을 더 강화시키는 명령문일 수 있다. 세포는 이 유전 암호를 "읽어서" DNA로부터 메시지를 받고, 그 정보를 실행한다.

그리고 세포는 DNA의 정확한 사본을 만들 필요가 있다. 그래야 유전자의 모든 정보가 세포나 생물의 다음 세대로 충실하게 전달될 수 있다. 사다리의 각 단을 이루는 두 염기의 모양과 화학적 특성 때문에 각 염기는 서로 딱 들어맞는 한 가지 염기하고만 짝을 이룰 수 있다. A는 오직 T와, G는 오직 C하고만 짝을 지을 수 있다. 이는 DNA의 한쪽 가닥에 붙은 염기들의 순서를 알면, 다른 가닥에 붙은 염기들의 순서도 즉시 알 수 있다는 뜻이다. 따라서 이중 나선을 두 가닥으로 분리하면, 각 가닥은 원래 짝을 이루었던 가닥의 완벽한 사본을 재생산할 주형(template) 역할을 할 수 있다. 크릭과 왓슨은 DNA가 이런 식으로 구성되어 있다는 것을 보자마자, 이것이 세포가 염색체를 이루는 DNA, 따라서 유전자를 복제하는 방법임이 틀림

없다는 사실을 깨달았다.

유전자는 세포에게 특정한 단백질을 만드는 방법을 지시함으로써, 세포와 더 나아가 전체 생물의 행동에 큰 영향을 미친다. 이 정보는 생명에 대단히 중요하다. 세포 안에서 일어나는 일은 대부분 단백질이 하기 때문이다. 세포의 효소, 구조, 운영체계는 대부분 단백질로 이루어져 있다. 단백질을 만들려면, 세포는 두 문자 체계 사이에 번역을 해야 한다. DNA는 A, T, G, C라는 4개의 "문자"로 이루어진 체계를, 단백질은 더 복잡한 문자 체계를 쓴다. 단백질은 아미노산이라는 20가지의 기본 구성단위들이 한 줄로 죽 이어져서 만들어진다. 1960년대 초까지 유전자와 단백질 사이의 이런 기본 관계는 밝혀진 상태였지만, 세포가 DNA의 언어로 적힌 정보를 어떻게 단백질의 언어로 번역하는지는 아직 아무도 몰랐다.

이 관계를 "유전 암호(genetic code)"라고 하는데, 당시 생물학자들에게는 진정한 암호 퍼즐이었다. 그 암호는 1960년대 말부터 1970년대 초에 여러 과학자들을 통해서 마침내 해독되었다. 그들 가운데 내가 가장 잘 아는 사람은 프랜시스 크릭과 시드니 브레너이다. 시드니는 내가 만난 과학자들 중에서 가장 재치 있고 가장 불손한 인물이었다. 예전에 내가 어떤 일자리에 지원했을 때에 그가 면접을 보았는데(나는 떨어졌다), 면접을 하는 동안 그는 자신의 동료들을 피카소의 그림 「게르니카」에 나오는 제정신이 아닌 듯한 인물들에 비교했다. 그의 교수실 벽에는 그 복제화가 걸려 있었다. 그의 농담은 의외의 것들을 서로 엮는 과정에서 나왔는데, 나는 그가 과학자로서 보인 엄청난 창의성도 바로 그것에서 나온 것이 아닐까 추측한다.

그들을 비롯해서 유전 암호를 해독한 이들은 DNA의 네 문자가 DNA 사다리의 각 가닥을 따라 3개씩 모여서 한 "단어"를 이루는 방식으로 배열되어 있음을 보여주었다. 이 짧은 단어는 대부분 단백질의 구성단위인 아미노산과 일대일로 대응한다. 예를 들면, DNA "단어" GCT는 새로운 단백질을 만들 때에 알라닌(alanine)이라는 아미노산을 덧붙이라고 세포에게 말하는 반면, TGT는 시스테인(cysteine)이라는 아미노산을 붙이라고 말할 것이다. 우리는 유전자를 특정한 단백질을 만드는 데에 필요한 DNA 단어들의 서열이라고 생각할 수 있다. 예를 들면, 베타글로빈이라는 인간 유전자는 DNA "문자"(즉 염기) 441개에 핵심 정보를 담고 있으며, 그 정보는 세 문자로 이루어지는 DNA "단어" 147개에 해당하고, 세포는 그 단어 서열을 아미노산 147개 길이의 단백질 분자로 번역한다. 베타글로빈 단백질은 헤모글로빈이라는 산소 운반 색소를 만드는 일을 돕는다. 헤모글로빈은 적혈구에 들어 있으며, 몸을 살아 있게 하고 피를 붉게 만든다.

유전 암호를 이해할 수 있게 되자, 생물학의 핵심에 놓인 주요 수수께끼 하나가 풀렸다. 유전자에 저장된 정적인 명령문이 어떻게 살아 있는 세포를 만들고 작동시키는 활성 단백질 분자로 전환될 수 있는지가 드러난 것이다. 이 암호를 해독함으로써 생물학자들이 유전자 서열을 쉽게 기술하고 해석하고 변형할 수 있는 오늘날의 세계로 나아가는 길이 열렸다. 이 발전이 너무나 중요해 보였기 때문에, 당시에 일부 생물학자들은 세포학과 유전학의 가장 근본적인 문제가 해결되었다면서 손에 쥔 실험 도구를 내려놓았다. 프랜시스 크릭조차도 세포와 유전자에서 인간 의식의 수수께끼로 연구 방향을 돌리기로 결심했다.

그로부터 50여 년이 지난 지금, 일이 모두 끝난 것이 아니라는 사실은 명백하다. 그럼에도 생물학자들은 극적인 발전을 이루어왔다. 한 세기 사이에 유전자—처음에 추상적 요소였던—는 급격한 변화를 겪었다. 1973년 내가 박사학위를 받을 당시, 유전자는 더 이상 어떤 하나의 개념이나 염색체의 일부에 불과한 것이 아니었다. 유전자는 세포에서 정확한 기능을 지닌 단백질의 암호를 담은 DNA 염기 서열을 가리키는 구체적인 용어가 되었다.

곧 생물학자들은 특정한 유전자가 염색체의 어느 지점에 있는지를 찾아내고, 그것을 떼어내어 다른 염색체로 옮기는 법을 터득했다. 더 나아가 그것을 다른 종의 염색체에 집어넣을 수도 있었다. 1970년대 말에 연구자들은 대장균에 인슐린 단백질의 암호를 지닌 인간 유전자를 집어넣어서 염색체를 재편했다. 인슐린은 혈당을 조절하는 일을 한다. 이 유전자가 변형된(genetically modified, GM) 세균은 사람의 췌장이 만드는 것과 동일한 인슐린 단백질을 우리가 필요로 하는 만큼 생산한다. 이 세균은 전 세계 수많은 사람들의 당뇨병 관리에 큰 도움을 주고 있다.

1970년대에 영국의 생화학자 프레더릭 생어는 유전 정보를 "읽는" 법을 고안함으로써 또 한 차례 중요한 혁신을 이루었다. 그는 화학적 재활성화와 물리적 방법을 창의적으로 조합하여 유전자를 이루는 모든 염기의 특성과 서열을 파악할 수 있었다(이를 DNA 서열 분석이라고 한다). DNA 문자의 수는 유전자마다 크게 다르다. 염기가 200개인 것부터 수천 개에 이르는 것까지 다양한데, 그 서열을 읽어서 어떤 단백질을 만들지 예측하는 능력에 큰 도약이 이루어진 것이다. 비범한 성취를 이루었음에도 비범할 만치 겸손했던 프레더릭은 노벨상을 두 번이나 받았다!

20세기 말에는 유전체 전체, 즉 한 세포나 생물에 들어 있는 유전자나 유전물질 집합 전체의 서열을 해독할 수 있게 되었다. 물론 사람의 유전체를 포함해서. 2003년에 사람 유전체의 30억 개에 달하는 DNA 문자의 서열이 다소 완전하게 처음으로 해독되었다. 이는 생물학과 의학 분야에서 이루어진 큰 도약이었고, 그 뒤로 발전 추세는 꺾이지 않았다. 첫 유전체 서열 분석에는 10년의 기간과 30억 달러의 비용이 들었지만, 지금은 DNA 서열 분석 장치를 이용해서 수백 달러로 하루 이틀이면 분석을 끝낼 수 있다.

인간 유전체 계획을 통해서 얻은 가장 중요한 결과는, 우리 유전의 토대를 이루는 모든 사람에게 공통된 단백질 암호를 지닌 유전자가 약 2만2,000개라는 것이었다. 우리 모두가 공유하는 특징들과 우리 각자를 독특한 존재로 만드는 유전 형질을 결정하는 유전자의 수가 그 정도라는 것이다. 이것만으로는 인간이 된다는 것이 무엇인지를 설명하기에 미흡하지만, 이 지식이 없다면 우리는 언제나 자신을 불완전하게 이해한 상태로 머물게 될 것이다. 이 지식은 어느 연극에 출연하는 등장인물들의 목록을 가진 것과 조금 비슷하다. 이 목록은 꼭 필요한 출발점이기는 하지만, 그 다음에 해야 할 더욱 큰 과제는 극본을 쓰고 그 인물들을 살아 움직이게 할 배우들을 찾아내는 것이다.

세포 분열이라는 과정은 "세포"라는 개념과 "유전자"라는 개념을 연결하는 데에서 핵심적인 역할을 한다. 세포가 분열할 때마다, 세포 안의 모든 염색체에 들어 있는 모든 유전자는 먼저 복제된 뒤에 두 딸세포에 똑같이 나뉘어 들어가야 한다. 따라서 유전자의 복제와 세포의 분열은 서로 긴밀하게 조율되어야 한다. 그렇지 않으면, 필요한 유전자 명령문의 온전한 집합을 갖추지 못해서 세포가 죽거나 기능 이상을 보이게 될 것이다. 이 조율은 **세포 주기**를 통해서 이루어진다. 세포 주기는 새로운 세포의 탄생을 관리하는 과정이다.

DNA는 세포 주기의 초기에 복제된다. S기라는 DNA 합성 단계에서 복제된 뒤, 새롭게 복제된 사본들은 유사분열이라는 과정을 거쳐서 분리된다. 그럼으로써 세포 분열로 생긴 두 새로운 세포는 동일한 유전체를 지니게 된다. 세포 주기는 생명의 한 가지 중요한 측면을 잘 보여준다. 아무리 복잡한 반응이든 간에, 모두 화학 반응에 토대를 둔다는 것이다. 이런 반응들은 그 자체로는 살아 있다고 볼 수 없다. 새 세포를 만드는 데에 필요한 수백 가지 반응들이 조화를 이루어서 특정한 목적을 수행할 전체 시스템을 구축할 때에야 비로소 생명 활동이 시작된다. 세포 주기가 세포를 위해서 하는 일이 바로 그것이다. DNA 복제의 화학에 활기를 불어넣고, 그럼으로써 세포를 복제한다는 **목적**을 실현한다.

나는 20대 초에 세포 주기가 생명의 이해에 근본적으로 중요하다는 점을 인식하기 시작했다. 영국 노리치에 있는 이스트앵글리아 대학교에서 과학자로서의 삶을 지속할 연구 과제를 찾던 대학원생일 때였다. 그러나 1970년대 당시에는 내가 막 시작한 연구 과제를 생애의 대부분을 바쳐서 열정적으로 지속해나갈 것이라고는 생각하지 못했다.

세포의 삶에 있는 다른 대다수 과정들처럼, 세포 주기도 유전자들과 그 유전자들이 만드는 단백질들을 통해서 진행된다. 여러 해 동안 나의 연구실의 연구 방향을 정한 야심적인 목표는 세포 주기를 진행하는 유전자들을 찾아내고, 이어서 그 유전자들이 어떻게 작용하는지를 알아내는 것이었다. 그 목표를 위해서 우리는 분열 효모(fission yeast)를 이용했다. 동아프리카에서 맥주 제조에 쓰이는 효모 종이다. 효모는 비교적 단순하지만, 그 세포 주기는 우리처럼 훨씬 더 큰 다세포 생물을 비롯한 다른 많은 생물들에서 볼 수 있는 세포 주기와 상당히 비슷하기 때문이다. 우리는 세포 주기에 관여하는 유전자의 **돌연변이** 형태를 지닌 효모 균주를 찾는 일에 나섰다.

유전학자는 **돌연변이**라는 용어를 특수한 방식으로 쓴다. 돌연변이 유전자라는 말을 이상이 생겼거나 망가졌다는 의미가 아니라 그저 한 유전자의 다른 변이 형태라는 뜻으로 쓴다. 멘델이 교배한 자주 꽃 계통이나 흰 꽃 계통처럼 서로 다른 식물 계통들은 꽃 색깔을 결정하는 중요한 유전자에 돌연변이가 일어나서 서로 달라진 것이다. 같은 논리에 따라서, 눈 색깔이 서로 다른 사람들은 인간의 서로 다른 돌연변이 계통이라고 생각할 수 있다. 그러니 이 다양한 변이체 중에서 어느 것을 "정상"이라고 보아야 한다고 말한다는 것이 무의미할 때도 많다.

돌연변이는 유전자의 DNA 서열이 바뀌거나 재배치되

거나 제거될 때에 일어난다. 대개는 자외선이나 화학 물질에 노출되는 등의 사건으로 세포에 손상이 일어난 결과이거나, DNA 복제와 세포 분열 과정에서 이따금 일어나는 오류의 산물이다. 세포는 이런 오류의 대부분을 검출하고 수선하는 정교한 메커니즘을 가지고 있다. 그 말은 돌연변이가 꽤 드물게 나타나는 경향이 있다는 의미이다. 세포가 한 번 분열할 때마다 평균 3개의 미세한 돌연변이가 일어난다는 추정값도 있다. 복제되는 DNA 문자 10억개에 약 1개꼴로, 인상적일 만치 낮은 오류율이다. 그러나 돌연변이가 일단 일어나면, 유전자는 변이되고 그에 따라서 변이된 단백질이 만들어질 수 있고, 그 변이된 단백질은 자신이 속한 세포의 생물학에 변화를 일으킬 수 있다.

일부 돌연변이는 유전자가 작동하는 방식을 유용한 방향으로 바꿈으로써 혁신의 원천이 된다. 그러나 돌연변이로 유전자가 적절한 기능을 수행하지 못하게 되는 사례가 훨씬 더 많다. 때로 단 하나의 DNA 문자만 바뀌어도 엄청난 효과가 일어나기도 한다. 예를 들면, 아이가 DNA 염기 하나가 바뀐 베타글로빈 유전자의 특정 변이체를 쌍으로 물려받는다면, 그 아이는 헤모글로빈이 제 기능을 온전히 발휘하지 못해서 낫 모양 적혈구 빈혈(적혈구가 낫 모양으로 변해서 혈관을 막거나 해서 생기는 빈혈/옮긴이)이라는 혈액 장애를 일으킨다.

분열 효모 세포가 세포 주기를 어떻게 제어하는지를 이해하기 위해서, 나는 제대로 분열할 수 없는 효모 균주를 찾으려고 애썼다. 그런 돌연변이를 찾을 수 있다면, 세포 주기에 필요한 유전자를 찾아낼 수 있기 때문이다. 나는 연구원들과 함께 세포 분열을 하지는 못하지만 성장은 계속할 수 있는 분열 효모 돌연변이체를 찾기 시작했다. 그런 세포는 현미경으로 아주 쉽게 알아볼 수 있다. 분열을 하지 않고 계속 자라므로 비정상적으로 크기 때문이다. 여러 해에 걸쳐, 사실 40년 동안, 우리 연구실은 이런 세포 크기가 큰 효모 균주를 500가지 넘게 찾아냈다. 실제로 이들 모두가 세포 주기의 특정한 단계에 필요한 유전자를 불활성화하는 돌연변이를 지니고 있다는 것이 드러났다. 이는 세포 주기에 관여하는 유전자가 적어도 500가지라는 의미이다. 분열 효모가 지닌 총 5,000가지의 유전자 중 약 10퍼센트이다.

이것은 나름 중요한 성과였다. 효모가 세포 주기를 완성하려면 이런 유전자들이 분명히 필요하기 때문이다. 그러나 그 유전자들이 반드시 세포 주기를 **제어한다**고는 볼 수 없었다. 자동차가 작동하는 방식을 생각해보라. 고장이 나면 차를 멈추게 할 부품들은 많이 있다. 바퀴, 차축, 차틀과 엔진 같은 것들이다. 이 부품들이 모두 중요하다는 것은 분명하지만, 운전자가 차의 속도를 제어할 때에 필요한 것들은 아니다. 세포 주기로 돌아가서, 우리가 진정으로 찾고 싶었던 것은 가속 장치, 변속기, 제동 장치였다. 즉 세포 주기를 세포가 얼마나 **빨리** 진행하는지를 제어하는 유전자들이었다.

이윽고 나는 지극히 우연히 이런 세포 주기 제어 유전자 가운데 하나를 발견하게 되었다. 1974년에 비정상적으로 커진 돌연변이 효모 세포 군체를 더 찾아내기 위해서 현미경을 열심히 들여다보던 그때가 지금도 생생하게 기억이 난다. 군체 1만 개를 들여다봐야 관심이 가는 군체가 1개 나올까 말까 했으니 매우 지루한 일이었다. 그런 돌연변이체 하나를 찾으려면, 오전이나 오후를 꼬박 할애해야 했으며, 며칠 동안 하나도 찾지 못할 때도 있었다. 그러던 중 유달리 작은 세포들로 이루어진 군체가 하나 눈에 띄었다. 처음에는 페트리 접시가 세균에 오염된 것이 아닐까 생각했다. 이런 일은 꽤 흔하게 일어난다. 그런데 좀더 자세히 살펴본 나는 이 군체가 더 흥미로운 것일 수도 있다는 사실을 알아차렸다. 미처 다 성장하기도 전에 세포 주기가 빨리 진행되는 바람에, 크기가 더 작은 시점에서 분열을 하는 효모 돌연변이체가 아닐까?

이 생각은 옳았다. 그 돌연변이 세포는 실제로 세포가 분열을 얼마나 일찍 할 수 있는지를, 따라서 세포 주기를 얼마나 빨리 완료하는지를 제어하는 유전자에 돌연변이가 일어나 있었다. 내가 찾고 싶어했던 바로 그런 종류의 유전자였다. 이런 세포는 사실상 차를 더 빨리 달리게 하는 결함 있는 가속 장치가 달린 차와 조금 비슷했다. 즉 세포 주기가 더 빨리 돌아갔다. 나는 이런 작은 균주에 "위(wee)" 돌연변이체라는 이름을 붙였다. 우리가 이 돌연변이를 에든버러에서 분리했고, "위"는 스코틀랜드어로 작다는 뜻이기 때문이다. 반세기가 지난 뒤에 생각해보니, 그다지 재치 있게 느껴지지 않는다고 고백해야겠다!

첫 번째 위 돌연변이체의 돌연변이 유전자는 더욱 중요한 유전자와 협력한다는 사실이 드러났다. 세포 주기 제어의 핵심에 놓인 유전자였다. 이런 일들이 일어나고 있을 때, 또 한 차례의 행운이 찾아오면서 나는 좀처럼 드러나지 않았던 두 번째 제어 유전자도 발견하게 되었다. 당시 나는 여러 달 동안 세포 크기가 작은 다양한 위 돌연변이체 균주를 모으고 있었고, 고생하면서 그럭저럭 50개를 모은 상태였다. 세포가 비정상적으로 큰 돌연변이체를 찾는 것보다 더욱 고역스러운 일이었다. 일주일에 겨우 하나를 찾을까 말까였다. 내가 열심히 찾은 균주들이 대부분 아주 흥미롭지는 않은 것들이라는 사실 때문에 일은 더욱 복잡해졌다. 모두 같은 유전자의 미묘하게 다른 돌연변이들이었기 때문이다. 나는 그 유전자에 위1(wee1)이라는 이름을 붙였다.

그러다가 어느 비 내리는 금요일 오후, 나는 또다른 위 돌연변이체를 발견했다. 그런데 이번에는 페트리 접시가 진짜로 오염되어 있었다. 내 눈을 사로잡은 비정상적으로 작은 효모 세포들은 침입한 곰팡이의 긴 균사로 뒤덮여 있었다. 나는 피곤한 상태였고 곰팡이를 제거하려면 지겨울 만치 오래 공을 들여야 한다는 것을 잘 알고 있었다. 아무튼 이 새 균주도 위1이라는 동일한 유전자의 또다른 돌연변이체일 가능성이 높다고 생각했다. 그래서 페트리 접시를 통째로 쓰레기통에 던져넣은 다음, 차를 마시러 집으로 갔다.

그런데 저녁이 되니 뭔가 꺼림칙한 기분이 들었다. 그 돌연변이체가 다른 50가지 위 돌연변이체와 다른 것이라면 어쩌지? 그날따라 몹시 어두컴컴하고 비까지 내리는 밤이었지만, 나는 자전거를 타고 낑낑거리며 비탈길을 올라서 연구실로 갔다. 이후 몇 주일 동안 애쓴 끝에 그럭저럭 그 새로운 위 돌연변이체를 곰팡이와 분리할 수 있었다. 그렇게 고생 끝에 얻은 것이 위1 유전자의 또다른 변이체가 아니라는 사실이 드러나는 순간, 나는 도저히 기쁨을 억누를 수가 없었다. 그것은 완전히 새로운 유전자였으며, 이윽고 세포 주기가 어떻게 제어되는지를 풀 열쇠임이 드러났다.

나는 이 새 유전자에 세포 분열 주기2(cell division cycle 2, cdc2)라는 이름을 붙였다. 돌이켜보면 이 세포 주기 퍼즐의 핵심 조각에 더 우아한, 아니 적어도 더 기억에 남을 만한 이름을 붙였더라면 좋았을 것이라는 생각이 종종 든다! 이 책에 cdc2라는 이름이 여러 번 나올 것이기 때문에 더욱 그렇다.

돌이켜보면 이 모든 일들이 너무나 간단했다고 느껴진다. 내가 한 일도 그렇고 착상도 그랬다. 게다가 행운이 아주 중요한 역할을 했다. 찾으려고 한 것도 아닌 첫 번째 위 돌연변이체를 우연히 발견한 일도 그렇고, “실패”라고 생각하고 쓰레기통에 버렸다가 다시 꺼낸 것이 이윽고 세포 주기 제어에 중추적인 역할을 하는 유전자의 발견으로 이어진 운명의 장난도 그렇다. 과학에서 단순한 실험과 생각은 놀라운 발견으로 이어질 수 있다. 꽤 오랜 고역스러운 실험, 희망, 그리고 물론 이따금 찾아오는 행운이 결합될 때에는 특히 그렇다.

이 실험들은 대부분 내가 어린 자녀들을 키우던 젊은 과학자일 때, 에든버러에 있는 머독 미치슨 교수의 연구실에서 이루어졌다. 그는 나의 실험에 필요한 공간과 장비를 제공했을 뿐만 아니라, 아낌없는 자문과 조언을 해 주었다. 이렇게 온갖 도움을 주었음에도, 그는 내 논문들에 자신의 이름을 공동 저자로 올리지 못하게 했다. 자신이 그 정도까지 기여한 것은 아니라고 생각했기 때문이다. 물론 그럴 리가 없었다. 과학계에 몸을 담으면서 내가 접한 최고의 경험은 바로 그런 관대함이다. 그런데 그런 관대함은 제대로 평가를 받지 못하고 있다. 머독은 흥미로운 사람이었다. 방금 말했듯이 관대했고, 잘 나서려고 하지 않았고, 오직 자신의 연구에만 몰두했다. 그는 자신의 연구에 남들이 관심을 가지든 말든 거의 개의치 않았다. 오직 자신이 정한 계획에 따라서 꾸준히 나아갈 뿐이었다. 머독이 아직 생존해 있다면, 이 책에 자신을 언급하지 못하게 했겠지만, 나는 최고의 연구가 몹시 개인적이면서 매우 사회적인 활동임을 내게 제대로 알려준 사람이 바로 머독이었음을 알리고 싶다.

생명은 유전자 없이는 존재할 수 없다. 각각의 새 세대의 세포와 생물은 성장하고 기능하고 번식하는 데에 필요한 유전자 명령문을 물려받아야 한다. 이는 생물이 장기적으로 존속하려면, 유전자가 아주 정확하고 꼼꼼하게 복제될 수 있어야 한다는 의미이다. 그렇게 해야만 DNA 서열은 반복되는 세포 분열에도 유지될 수 있고, 그럼으로써 유전자는 "시간의 시험"을 견딜 수 있다. 세포는 인상적일 만치 정확하게 이 일을 해낸다. 우리는 주변의 어디에서나 이 결과를 본다. 우리 세포를 제어하는 2만 2,000개의 유전자 가운데 대다수의 DNA 서열은 현재 지구에 사는 다른 모든 사람들의 것과 거의 완전히 똑같다. 수만 년 전 선사시대에 사냥과 채집을 하고 모닥불 주위에 둘러앉아서 이야기를 나누었던 우리 조상들의 것과도 대체로 구분이 되지 않는다. 여러분과 나의 타고난 형질, 그리고 선사시대의 조상과 우리의 타고난 형질을 분화시키는 돌연변이를 전부 합쳐도 우리 DNA 암호 전체에서 1퍼센트에도 못 미치는 미미한 비율을 차지할 뿐이다. 이는 21세기 유전학이 밝혀낸 커다란 성과 중의 하나이다. DNA "문자" 약 30억 개로 이루어진 우리의 유전체들은 성별, 인종, 종교, 사회계층에 상관없이 아주 비슷하다. 전 세계의 사회는 이렇게 우리가 평등하다는 중요한 사실을 인식해야 한다.

그러나 우리 모두가 각자 유전자에 변이를 지니고 있다는 점도 경시해서는 안 된다. 전체적으로 보면 미미하지만, 그런 변이는 개인의 생명과 인생에 크나큰 영향을 미칠 수 있다. 이런 변이 중에는 나와 내 딸들 그리고 내 손주들이 공통으로 지닌 것도 있으며, 그것들은 가족인 우리가 서로 닮은 이유 중의 일부를 설명한다. 한편 각자가 지닌 독특한 유전자 변이체들도 있으며, 그것들은 미묘하게 또는 더 뚜렷하게 우리의 외모, 건강, 사고방식에 영향을 미침으로써 우리 각자를 독특한 개인으로 만드는 데에 기여한다.

유전학은 우리의 정체성과 세계 인식에 영향을 미침으로써 우리 삶에 핵심적인 역할을 한다. 나중에 나는 나의 유전학에 조금 놀라운 비밀이 있다는 사실을 알아차렸다. 나는 노동 계층 가정에서 자랐다. 아버지는 공장에서 일했고 어머니는 청소부였다. 형들과 누나는 모두 열

다섯 살에 학업을 그만두었다. 공부를 계속해서 대학교까지 간 사람은 나밖에 없었다. 나는 다소 옛날 방식으로 충분한 지원을 받으면서 행복한 어린 시절을 보냈다. 나의 부모님은 친구들의 부모님에 비해서 나이가 조금 많았다. 그래서 나는 할머니, 할아버지 손에 자라는 느낌이 든다고 농담을 하고는 했다.

여러 해 뒤에 뉴욕 록펠러 대학교의 총장으로 임용된 나는 미국에서 거주하기 위해서 영주권을 신청했다. 그런데 놀랍게도 나의 신청은 기각되었다. 미국 국토안보부가 내가 평생 사용해온 출생증명서에 부모의 이름이 적혀 있지 않다는 이유로 신청을 거부했던 것이다. 화가 치민 나는 당국에 나의 출생증명서 원본을 신청했다. 서류가 든 봉투를 열었을 때, 나는 큰 충격을 받았다. 나의 부모님은 부모가 아니라 사실은 조부모였던 것이다. 누나가 바로 나의 친엄마였다. 누나는 열일곱에 임신을 했는데, 당시에는 사생아를 낳는다는 것을 수치스럽게 생각했기 때문에 노리치에 있는 이모 집으로 보내졌다. 나는 그곳에서 태어났다.

우리가 런던으로 돌아오자 할머니는 딸을 보호하고자 엄마인 척하고 나를 키웠다. 이 모든 발견의 크나큰 역설은 내가 유전학자이면서도 나 자신의 유전학은 몰랐다는 사실이다! 진상을 알 만한 사람들은 모두 세상을 떠난 뒤였기 때문에, 나는 아버지가 누구인지 여전히 모른다. 나의 출생증명서에는 아버지의 이름이 있을 자리에 그냥 줄만 그어져 있다.

모든 사람은 생물학적 부모에게 없는 무작위로 생기는 비교적 소수의 새로운 유전자 변이체를 지니고 태어난다. 이런 유전될 수 있는 변이들은 각 생물을 독특하게 만드는 데에 기여할 뿐 아니라, 생물 종이 장기간에 걸쳐 고정되지 않고 변하는 이유도 설명한다. 생명은 세계를 바꾸고 세계는 주변을 바꾸므로, 생명은 끊임없이 실험하고, 혁신하고, 적응한다. 그렇게 할 수 있으려면, 유전자는 일정한 상태를 유지함으로써 정보를 보전할 필요성과 변화할, 때로는 상당히 변화할 능력 사이에서 균형을 이루어야 한다. 다음에 다룰 개념은 이런 일이 어떻게 가능할 수 있는지 그리고 그 결과 생명이 얼마나 놀라울 정도로 다양해질 수 있는지를 보여준다.

바로 자연선택을 통한 진화라는 개념이다.

3

자연선택을 통한 진화

우연과 필연

세계는 놀라울 만치 다양한 생명체로 가득하다. 이 책의 첫머리에서 이야기한 노란 나비는 봄을 알리는 전령인 멧노랑나비의 일종이다. 섬세한 노란 날개를 가지고 있으며, 우리가 곤충이라고 부르는 놀라울 만치 다양한 동물 집단의 아름다운 사례이다.

나는 곤충, 특히 딱정벌레를 좋아한다. 십대에는 딱정벌레 채집이 나의 취미였다. 딱정벌레는 엄청나게 다양하다. 전 세계에 100만 종이 넘는다고 보는 과학자들도 있다. 영국에서 자랄 때, 나는 돌 밑에서 쪼르르 기어다니는 녀석들, 밤에 빛을 내는 녀석들, 뜰에서 진딧물을 먹는 녀석들, 연못에서 힘차게 헤엄치는 녀석들, 밀가루 통에서 기어다니는 바구미를 보면서 경이로움을 느꼈다. 딱정벌레는 다양성의 불협화음을 보여준다. 이들은 모든 생명 다양성의 축소판이다.

생명의 다양성은 때로 압도적으로 느껴지기도 한다. 우리는 무수한 포유류, 조류, 어류, 곤충, 식물, 균류, 더욱 길게 나열할 수 있는 다양한 미생물과 이 세계를 공유하며, 각 생물은 나름의 생활방식과 환경에 잘 적응해 있는 듯하다. 수천 년 동안 인류의 대다수가 이 모든 다양성이 신성한 창조주의 노력의 산물임이 틀림없다고 생각한 것도 놀랄 일은 아니다.

대다수의 문화에는 창세 신화가 존재한다. 유대-기독교의 창세 신화를 글자 그대로 읽는다면, 생명은 단 며칠 사이에 창조되었다. 창조주가 각 종을 하나하나 창조했다는 생각이 널리 퍼져 있었기 때문에, 20세기를 선도한 유전학자 J. B. S. 할데인은 딱정벌레의 엄청난 다양성을 언급하면서 "신은 딱정벌레를 유달리 좋아한다"라고 재담을 했다.

18세기와 19세기에 사상가들은 생물의 복잡한 메커니즘을 산업 혁명기에 설계되고 제작된 복잡한 기계와 비교하기 시작했다. 이런 비교는 종교적인 믿음을 강화하는 역할을 하고는 했다. 그렇게 복잡한 것이 어떻게 지고한 지적 설계자의 개입 없이 출현할 수 있겠는가?

1802년 윌리엄 페일리 목사는 이런 유형의 추론을 화려하게 펼쳤다. 그는 길을 걷다가 시계를 발견한다고 상상해보라고 했다. 시계 뚜껑을 열고 시간을 추적한다는 목적을 위해서 설계된 것이 분명한 복잡한 내부 메커니즘을 살펴본다면, 그 시계를 지적인 창조자가 만들었다고 확신하게 될 것이라고 주장했다. 페일리는 같은 논리가 복잡한 생명의 메커니즘에도 적용되어야 한다고 말했다.

오늘날 우리는 목적의식을 지닌 복잡한 생명체가 그 어떤 설계자 없이도 생성될 수 있으며, 자연선택이 그 일을 한다는 것을 안다.

자연선택은 우리 그리고 우리 주위에 있는 생명체들의 놀라운 다양성을 낳은 대단히 창조적인 과정이다. 수백만에 이르는 미생물 종에서 사슴벌레의 무시무시한 턱, 유령해파리의 길이 30미터에 달하는 촉수, 식충식물인 벌레잡이풀의 액체가 들어찬 덫, 우리를 비롯한 대형 유인원의 마주 보는 엄지손가락에 이르기까지 모두가 자연선택의 산물이다. 과학 법칙을 위배하거나 초자연적 현상에 호소하지 않고서도, 자연선택을 통한 진화는 점점 더 복잡하고 다양한 생물들을 생성해왔다. 생물들이 새로운 가능성을 탐사하고 다른 환경 및 다른 생물과 상호작용을 함에 따라서, 기나긴 세월에 걸쳐 이런저런 종들이 출현했고, 그들의 형태는 알아볼 수 없을 만치 변화해왔다. 우리를 비롯하여 모든 종은 항구적으로 변화하는 상태에 있으며, 이윽고 멸종하거나 새로운 종으로 진화한다.

나에게는 이 생명의 이야기가 여느 창세 신화만큼이나 경이롭다. 종교 이야기들의 대부분이 우리에게 친숙하면서 더 나아가 다소 밋밋해 보이는 창조 활동과 우리가 쉽게 이해할 수 있는 기간을 제시하는 반면, 자연선택을 통한 진화는 우리의 마음을 불편하게 만드는 무엇인가를, 또 더욱 장엄한 무엇인가를 상상하도록 우리를 내몬다. 자연선택은 지극히 일방적이고 점진적인 과정이지만, 상상할 수도 없이 방대한 기간, 과학자들이 "깊은 시간(deep time)"이라고 말하는 것을 상정하면, 최고의 창조하는 힘이 된다.

진화 분야에서 가장 우뚝 선 인물은 찰스 다윈이다. 그는 비글 호라는 작은 해군 함선을 타고서 세계를 여행하면서 식물, 동물, 화석을 채집한 19세기의 자연사학자이다. 다윈은 진화 개념을 뒷받침하는 관찰 자료를 갈망하듯이 모았으며, 진화가 어떻게 작용하는지를 설명하는 아름다운 메커니즘—자연선택—을 내놓았다. 그는 이 모든 내용을 1859년에 저서 『종의 기원(*On the Origin of Species*)』을 통해서 밝혔다. 생물학의 모든 위대한 개념들 중에서 이 개념이 아마 가장 널리 알려져 있을 것이다. 가장 잘 이해된 것은 아닐 때가 많기는 하지만.

생명이 시간이 흐르면서 진화한다고 주장한 사람이 다윈이 처음은 아니었다. 그가 『종의 기원』에서 말했듯이, 아리스토텔레스는 장기간에 걸쳐서 보면 동물의 신체 부위가 나타나거나 사라질 수 있다고 주장했다. 18세기 말 프랑스의 과학자 장 바티스트 라마르크는 더 나아가 종들이 유연관계의 사슬을 통해서 서로 연결되어 있다고 주장했다. 그는 종의 형태가 환경과 서식지의 변화에 반응하면서, 적응 과정을 통해서 서서히 변한다고 주장했다. 그는 기린이 점점 더 높이 달린 나뭇잎을 뜯어먹으려고 목을 죽 늘이며, 그런 노력의 결과가 어떤 식으로든 간에 후손에게 전달되어서 다음 세대는 좀더 긴 목을 가지게 됨으로써 목이 길어진 것이라는 유명한 주장을 남겼다. 오늘날 라마르크의 개념은 비하되고는 한다. 그가 진화 과정을 상세히 파악하지 못했기 때문이다. 그러나 그는 설령 원인까지는 아니라고 해도, 진화의 현상을 최초로 포괄적으로 설명한 인물에 속한다는 영예를 얻을 자격이 있다.

진화에 관한 추정을 한 사람이 라마르크만이 아니라는 것도 분명하다. 다윈 자신의 집안에서도 그의 다재다능한 할아버지 이래즈머스 다윈은 진화 개념을 열정적으로 옹호한 초기 인물에 속했다. 그는 자신의 마차에 "만물은 껍데기에서(E conchis omnia)"라는 좌우명을 새겼다. 모든 생명이 껍데기 안에 든 연체동물의 형태 없이 물컹거리는 덩어리 같은 훨씬 더 단순한 조상으로부터 진화했다는 믿음을 표현한 것이었다. 그러나 그는 리치필드 대성당의 주임신부가 "창조주를 거부했다"며 자신을 비난하자, 그 문구를 지울 수밖에 없었다. 그는 성공한 의사였고, 주임신부의 말을 따르지 않는다면 명망 있는, 따라서 부유한 환자들을 잃을 위험이 있음을 잘 알았기 때문이다. 또 그는 당대에 저명한 시인이라고 여겨졌는데, "자연의 사원(The Temple of Nature)"이라는 시에서 자신의 진화관을 상세히 드러내기도 했다.

최초의 형태는 아주 작아서, 돋보기로 보이지 않으며
진흙 위를 움직이거나, 그 축축한 덩어리를 뚫고 들어간다
이들은 대를 이어서 번성함에 따라

새로운 능력을 획득하고 더 큰 부속지를 얻는다
무수한 식생 집단들이 생겨나고

지느러미, 발, 날개의 숨 쉬는 세계도.

여러분도 아마 짐작하겠지만 그의 시인으로서의 명성은 사라지고 없지만, 과학자로서의 명성은 아직 남아 있다. 그러나 그의 시는 나중에 더 유명한 손자가 정교하게 다듬을 개념의 일부 측면들을 예견했다.

찰스 다윈은 더 과학적이고 체계적인 방식으로 진화에 접근했으며, 그의 의사소통 수단은 더 전통적이었다. 그는 운문이 아니라 산문에 의지했다. 그는 국내와 해외에서 화석 기록과 동식물 연구를 통해서 엄청난 양의 관찰 자료를 모았다. 그는 이 모든 자료들을 잘 정리하여 라마르크, 자신의 할아버지 등이 제시한 견해, 즉 생물이 **진화한다**는 견해를 뒷받침하는 강력한 증거로 삼았다. 그러나 다윈은 자연선택을 진화의 **메커니즘**으로 제안했을 때에 그 이상의 일을 했다. 그는 모든 단서들을 하나로 연결하여 진화가 실제로 어떻게 일어날 수 있는지를 세상에 보여주었다.

자연선택 개념은 살아 있는 생물의 집단이 변이를 보이며, 이런 변이가 유전적인 변화로 생기는 것이라면 다음 세대로 전달된다는 사실에 토대를 둔다. 이런 변이 중에는 특정한 개체가 더 많은 자식을 가질 수 있는 쪽으로 형질에 영향을 미치는 것도 있다. 이 번식 성공률 증가는 이런 변이를 지닌 자식들이 다음 세대의 집단에서 비율이 더 높아질 것이라는 의미이다. 기린의 긴 목을 사례로 들면, 우리는 목의 뼈대와 근육이 미묘하게 다른 변이체들이 무작위로 생겨나서 누적된 덕분에 기린의 조상들 중에서 일부가 좀더 높은 가지까지 입이 닿아서 더 많은 잎을 먹고 영양 상태가 더 좋아질 수 있었다고 추론할 수 있다. 그런 개체들은 더 튼튼하고 더 많은 새끼를 낳을 수 있었기 때문에, 이윽고 아프리카 사바나를 돌아다니는 기린 무리는 서서히 목이 더 긴 개체들이 주류를 이루게 되었다. 먹이나 짝을 얻기 위한 경쟁, 질병과 기생충의 유무 같은 온갖 **자연** 요인들이 부과한 제약들 덕분에 어떤 개체는 다른 개체들보다 더 잘 살고 따라서 더 많이 번식할 수 있게 되므로, 이 과정을 **자연선택**이라고 한다.

자연사학자이자 채집가인 앨프리드 월리스도 독자적으로 동일한 메커니즘을 제시했다. 덜 알려진 사실이 하나 있는데, 같은 세기에 이 두 사람보다 앞서서 자연선택에 관한 추정을 내놓은 사람들이 있었다는 것이다. 특히 스코틀랜드 농업학자이자 지주인 패트릭 매슈는 1831년 군

함용 목재에 관한 책에서 그 이론을 제시한 바 있다. 그렇기는 하지만, 그 이론 전체를 설득력 있고 포괄적이고 일관되게 압도적인 방식으로 제시한 사람은 다윈이었다.

인류는 사실상 수천 년 전부터 특정한 형질을 지닌 개체들을 교배함으로써 바로 그 과정을 이용해왔다. 이를 **인위선택**(artificial selection)이라고 하며, 다윈은 사실상 비둘기 애호가들이 특정한 개체들을 골라서 교배하여 대단히 다양한 품종의 비둘기를 만들어내는 것을 지켜봄으로써 자연선택 개념을 발전시켰다. 인위선택은 극적인 결과를 빚어낼 수 있다. 우리가 야생의 회색늑대를 인간의 가장 좋은 친구로 만든 방법도 바로 그것이었다. 작은 치와와에서부터 거대한 그레이트데인에 이르기까지 다양한 개 품종도 그렇게 출현했다. 야생 양배추에서 브로콜리, 양배추, 콜리플라워, 케일, 콜라비도 그렇게 나왔다. 이런 형질 전환은 비교적 짧은 세대에 걸쳐서 이루어졌고, 그럼으로써 자연적으로는 수백만 년에 걸쳐서 일어났을 진화 과정의 엄청난 힘을 엿보게 해준다.

자연선택은 적자생존—말이 난 김에 덧붙이자면 다윈 자신이 쓴 용어는 아니다—과 경쟁력이 떨어지는 개체의 제거로 이어진다. 이 과정으로 집단 내에 특정한 유전적 변화가 쌓이며, 그 결과 이윽고 살아 있는 종의 형태와 기능에 항구적인 변화가 나타난다. 일부 딱정벌레 종이 겉날개에 붉은 반점이 생긴 반면, 또다른 종은 헤엄치는 법, 배설물을 둥글게 빚어 굴리는 법, 어둠 속에서 빛나는 법을 어떻게 터득했는지를 자연선택으로 설명할 수 있다.

자연선택은 심오한 개념이며, 생물학에서만 의미가 있는 것이 아니다. 특히 경제학과 컴퓨터과학 같은 몇몇 분야들에서도 설명력과 실용성을 지닌다. 예를 들면, 오늘날 소프트웨어의 몇몇 측면들, 항공기 같은 기계의 몇몇 부품들은 자연선택을 모방한 알고리즘을 통해서 최적화되고 있다. 이런 제품들은 전통적인 방식으로 설계되는 것이 아니라 진화한다.

자연선택을 통한 진화가 일어나려면, 생물은 중요한 세 가지 특징을 가져야 한다.

첫째, 번식할 수 있어야 한다.

둘째, 유전 체계를 지녀야 한다. 그래야 생물의 특징을 정의하는 정보가 복제되어 대물림된다.

셋째, 유전 체계는 다양성을 드러내야 하며, 이 다양성은 번식 과정을 통해서 대물림되어야 한다. 자연선택은 바로 이 다양성에 작용한다. 느리게 무작위적으로 생성되는 다양성의 원천을 우리 주위에서 번성하는 한없이 많아 보이면서 끊임없이 변화하는 생명체로 전환한다.

게다가 이 과정이 효율적으로 작동하려면, 생물은 죽어야 한다. 그럼으로써 경쟁에 유리한 유전자 변이체를 지닐 가능성이 있는 다음 세대가 그들을 대체할 수 있게 된다.

이 세 가지 필수적인 특징은 세포와 유전자라는 개념으로부터 곧바로 도출된다. 모든 세포는 세포 주기를 통해서 번식하고 모든 세포는 유전자로 이루어진 유전 체계를 지닌다. 그 유전자들은 유사 분열과 세포 분열 때에 복제되어 염색체에 실려서 대물림된다. 변이는 DNA 서열을 바꾸는 우연한 돌연변이—나의 cdc2 유전자 발견으로 이어진 것과 같은—를 통해서 생성되며, 돌연변이는 이중나선이 복제될 때에 일어나는 드문 오류나 환경이 DNA에 일으키는 손상으로 생긴다. 세포는 이런 돌연변이를 수선하지만, 완전히 복구하지는 못한다. 완전히 복구가 이루어진다면, 한 종의 모든 개체는 똑같을 것이고 진화는 멈출 것이다. 이는 오류율 자체가 자연선택의 대상이라는 뜻이다. 오류율이 너무 높다면 유전체에 저장된 정보는 퇴화하고 무의미해질 것이고, 오류가 너무 드물다면 진화적 변화의 가능성이 줄어들 것이다. 장기적으로 볼 때, 가장 성공한 종은 항구성과 변화 사이에서 적절한 균형을 유지할 수 있는 종일 것이다.

복잡한 진핵생물에서는 유성생식 과정에서 추가로 다양성이 생긴다. 즉 생식세포(성세포라고도 하며, 동물의 정자와 난자, 식물의 꽃가루와 밑씨)를 만드는 세포 분열이 일어날 때에 염색체의 일부가 뒤섞여서 재편된다. 생식세포는 **감수 분열**이라는 과정을 통해서 만들어진다. 그것이 형제자매가 유전적으로 서로 다른 주된 이유이다. 부모의 유전자가 카드 더미라고 한다면, 각자는 서로 다른 유전적 "패"를 지니는 셈이다.

다른 많은 생물들은 개체 사이에 DNA 서열을 직접 교환함으로써 변이를 생성한다. 세균처럼 덜 복잡한 생물에서 흔한 방식이다. 세균은 유전자를 서로 교환할 수 있다. 그러나 더 복잡한 생물들도 그렇게 할 수 있다. 이 과정을 수평 유전자 전달(horizontal gene transfer)이라고 한다. 이는 세균에게 항생제 내성을 띠게 하는 유전자가 세균 집단 전체로, 더 나아가 서로 무관한 종 사이에서도 빠르게 퍼질 수 있는 이유들 중의 하나이다. 수평 유전자 전달 때문에 일부 계통은 진화적 시간을 거슬러오르기가 더 어렵다. 유전자가 생명의 나무의 한 가지에서 다른 가지로 흐를 수 있다는 의미이기 때문이다.

유전적 변이의 원천이 무엇이든 간에, 진화적 변화를 추진하려면 그런 변이는 다음 번식 때에도 지속되고 가능한 모든 차원에서 다양성을 보이는 생물 집단을 생성해야 한다. 질병 내성에서든, 짝에게 풍기는 매력에서든, 먹이 내성에서든, 다른 어떤 형질에서든 간에 집단 내에 미묘한 차이가 존속해야 한다. 그 뒤에 자연선택은 해로운 변이로부터 유용한 변이를 걸러내는 작용을 할 수 있다.

자연선택을 통한 진화의 한 가지 심오한 결과는 모든 생명이 혈통을 통해서 연결되어 있다는 것이다. 이는 생명의 나무를 거슬러오를수록, 가지들이 점점 더 굵은 가지들로 모이고 이윽고 하나의 줄기로 수렴된다는 의미이다. 따라서 우리 인간이 지구의 다른 모든 생명체와 친척이라는 결론이 나온다. 유인원처럼 그 나무의 끝자락에서 우리의 바로 옆에 달린 잔가지에 속하는 우리와 유연관계가 아주 가까운 종도 있다. 한편 나의 효모처럼 유연관계가 훨씬 더 먼 종도 있다. 효모와 우리는 시간을 훨씬 더 멀리까지 거슬러올라야 비로소 "합류한다." 생명의 나무의 주요 줄기에 훨씬 더 가까운 곳에서이다.

나는 마운틴고릴라를 찾아서 우간다의 습하고 무성한

우림 속을 걷고 있을 때, 다른 생물들과 우리가 근본적으로 연결되어 있다는 사실을 실감했다. 우리는 안내인을 따라가다가 갑자기 마운틴고릴라 가족과 맞닥뜨렸다. 나는 위엄 넘치는 실버백(무리의 지도자인 가장 크고 나이가 많은 수컷/옮긴이) 앞에서 털썩 주저앉았다. 그는 나무 밑에 쪼그린 채 앉아 있었는데, 나와는 겨우 2-3미터 떨어져 있었다. 나는 땀이 솟는 것을 느꼈다. 덥고 습해서 그런 것만은 아니었다. 유전학자로서 나는 우리가 유전자의 약 96퍼센트를 공유한다는 것을 알고 있었지만, 이 단조로운 숫자는 전체 이야기의 일부에 불과할 수 있다. 그의 지적인 깊은 갈색 눈은 나를 뚫어지게 바라보고 있었고, 나는 그 눈에서 내 인간성의 많은 측면들을 엿볼 수 있었다. 그 유인원들은 서로 그리고 우리 인간과도 조화를 잘 이루었다. 그들의 행동 중에는 당연히 친숙한 것들이 많았다. 그들이 감정이입 능력과 호기심을 가지고 있다는 점은 명백했다. 실버백과 나는 몇 분 동안 서로를 관찰했다. 일종의 대화라고 할 수 있었다. 그런 뒤 그는 한 손을 뻗어서 지름 5센티미터쯤 되는 어린 나무를 절반으로 구부린 뒤(내게 뭔가를 말하려 하고 있었다), 굵은 나무를 천천히 기어올랐다. 그런 행동을 하는 내내 꿰뚫는 듯한

눈으로 나를 계속 응시했다. 이 극적이면서 감동적인 만남을 통해서 나는 우리가 이 장엄한 동물들과 얼마나 가까운 존재인지를 진정으로 실감했다. 이 유연관계는 고릴라를 넘어서 다른 유인원, 포유류, 그외의 동물들, 생명의 나무에서 더 오래 전에 갈라진 식물과 미생물에 이르기까지 뻗어나간다. 나는 이것이 인류가 생물권 전체를 배려해야 하는 이유를 뒷받침하는 최고의 논증 중의 하나라고 본다. 이 지구를 우리와 함께 쓰는 모든 생명체는 우리의 친척이다.

나는 분열 효모와 인간 세포가 동일한 방식으로 세포 주기를 제어하는지 여부를 알아보고자 결심했을 때, 우리가 더욱 의외의 방식으로 다른 생물들과 깊이 연결되어 있음을 알아차리게 되었다. 내가 이 문제에 달려든 것은 1980년대에 런던의 어느 암 연구소에 있을 때였다. 암은 인간 세포의 비정상적인 세포 분열로 생기기 때문에, 다른 연구실에서 일하는 동료 과학자들 대부분이 효모보다 인간의 세포 주기가 어떻게 제어되는지 알아내는 쪽에 훨씬 더 관심을 기울이는 것도 충분히 이해가 갔다. 그때쯤 나는 무엇이 효모의 세포 분열을 제어하는지 알고 있었다. cdc2라는 밋밋한 이름의 유전자가 세포 주기 제어 메커니즘의 핵심이었다.

나는 인간의 세포 분열도 cdc2 유전자의 인간 판본에 해당하는 유전자의 제어를 받는지 여부가 궁금해졌다. 그럴 가능성은 아주 낮아 보였다. 효모와 인간이 서로 너무나 다르고, 우리의 마지막 공통 조상은 12억–15억 년 전에 살았기 때문이다. 공룡이 "겨우" 6,500만 년 전에 멸종했고 최초의 단순한 동물이 5억–6억 년 전에 출현했다는 점을 생각하면, 이 세월이 얼마나 긴 기간인지 짐작할 수 있다. 솔직히 말하자면, 그렇게 먼 친척이 동일한 방식으로 번식이 제어되는 세포를 지닐 수 있다고 믿는 것은 터무니없어 보였다. 그렇기는 해도 알아보아야 했다.

우리 연구실의 멜라니 리는 이 연구 과제를 맡아서 분열 효모의 cdc2가 하는 것과 동일한 방식으로 기능하는 인간 유전자를 찾아나섰다. 멜라니는 cdc2에 결함이 있어서 분열을 하지 못하는 분열 효모 세포에 수천 가지의 인간 DNA 조각 집합인 유전자 "라이브러리(library)"를 "뿌렸다." 각 DNA 조각에는 인간 유전자가 하나 들어 있었다. 멜라니는 돌연변이 효모 세포가 유전자를 대개 한두 개만 받아들이도록 조건을 조성했다. **만약** 그런 유전자들 가운데 하나가 cdc2 유전자의 인간판이고, **만약** 인간과 효모 세포에서 동일한 방식으로 기능하고, **만약** 인간의 cdc2 유전자가 효모 세포에 들어갈 수 있다면, cdc2 돌연변이 세포는 분열 능력을 회복할 수도 있었다. **만약** 일이 잘 풀린다면, 멜라니는 페트리 접시에서 그런 균체를 볼 수 있을 것이다. 여러분은 이 계획에서 "만약"이 여러 번 쓰였다는 사실을 눈치 챘을 것이다. 우리가 이 실험이 기대대로 될 것이라고 생각했을까? 아마 아니었겠지만, 그래도 해볼 가치는 있었다.

그런데 놀랍게도 실험은 성공했다! 페트리 접시에서 그런 균체가 자랐고, 우리는 효모 세포의 분열에 대단히 중요한 cdc2 유전자를 성공적으로 대체한 인간 DNA 가닥을 분리할 수 있었다. 그 미지의 유전자의 서열을 분석했더니 효모 Cdc2 단백질과 매우 비슷한 단백질을 만든다는 것이 드러났다. 우리가 동일한 유전자의 유연관계가 대단히 가까운 변이 형태들을 보고 있다는 것이 명백했다. 너무나 비슷해서 **인간** 유전자가 **효모** 세포 주기를 제어할 수 있었던 것이다.

이 뜻밖의 결과는 훨씬 더 포괄적인 결론으로 이어졌다. 분열 효모와 인간이 진화적으로 유연관계가 아주 멀다는 점을 감안하면, 지구의 모든 동물, 균류, 식물이 동일한 방식으로 세포 주기를 제어할 가능성이 매우 높았다. 모두 효모의 cdc2 유전자와 매우 비슷한 유전자의 활동에 의존할 것이 거의 확실했다. 게다가 설령 이 온갖 생물들이 기나긴 진화 시간을 거치면서 온갖 체형과 생활방식을 갖추는 쪽으로 진화했을지라도, 이 가장 근본적인 과정의 핵심 제어 방식은 거의 변하지 않았다. Cdc2는 10억 년이 넘는 세월을 견딘 혁신 사례였다.

이 모든 연구 결과들은, 단순한 효모를 포함하여 아주 다양한 생물들에 대한 연구가 인간의 세포가 자신의 분열을 어떻게 제어하는지를 이해하는 데에, 다시 말해서 우리가 생애에 걸쳐서 성장하고 발달하고 병에 걸리고 퇴화할 때, 우리 몸이 어떻게 변화하는지를 이해하는 데에 도움을 줄 수 있다는 나의 확신을 굳혀주었다.

자연선택은 진화 과정에서뿐만 아니라, 우리 몸의 세포 수준에서도 일어난다. 암은 세포의 성장과 분열을 제어하는 데에 중요한 유전자가 손상되거나 재배치됨으로써 세포가 제멋대로 분열할 때에 생긴다. 한 생물 집단 내에서의 진화와 마찬가지로, 이런 전암(pre-cancerous) 세포나 암 세포는 몸의 방어 체계를 뚫는다면 조직을 이루는 정상 세포 집단을 서서히 잠식할 수 있다. 손상된 세포 집단이 성장할수록, 그런 세포들에서 유전적 변화가 일어날 가능성도 더욱 커지며, 그에 따라서 유전적 손상이 누적되고 더욱 공격적인 암 세포들이 출현하게 된다.

이 체계는 자연선택을 통한 진화에 필요한 세 가지 특징을 가지고 있다. 번식, 유전 체계, 유전 체계가 변이를 일으키는 능력이다. 애초에 인류가 진화할 수 있도록 해준 그 환경 자체가 가장 치명적인 인간 질병 중의 하나를 일으키기도 한다니 역설적이다. 더 현실적인 관점에서 보면, 그것은 집단생물학자와 진화생물학자가 암의 이해에 중요한 기여를 할 수 있으리라는 의미이기도 하다.

생물의 엄청난 복잡성뿐만 아니라 겉으로 보기에 목적을 지닌 듯한 행동까지도 자연선택을 통한 진화를 통해서 나올 수 있다. 그 어떤 통제하는 지성체, 정해진 최종목표, 궁극적인 원동력이 없이도 가능하다. 그럼으로써 페일리가 회중시계를 상상하면서 제기한, 그리고 그 이전과 이후의 많은 사람들이 상정한 신성한 창조자를 동원하는 주장들을 완전히 비껴간다. 그리고 내게는 끊임없이 경이감을 안겨준다.

진화를 알게 됨으로써 내 삶의 경로에도 얼마간 극적인 변화가 일어났다. 할머니는 침례교도이셨기 때문에, 우리는 일요일마다 동네 침례교회에 갔다. 나는 『성서』를 잘 알았고(지금도 그렇다), 심지어 목사, 더 나아가 선교사가 될 생각까지도 했다! 그러다가 뜰에서 멧노랑나비를 보았을 무렵에 학교에서 자연선택을 통한 진화에 관해서 배웠다. 생명의 풍부한 다양성에 관한 과학적 설명은 『성서』의 설명과 명백히 모순되었다. 이 모순을 해소하려는 차원에서, 나는 늘 다니던 교회의 목사를 찾아갔다. 나는 신이 「창세기」에 나온 창조 과정을 이야기할 때, 2,000-3,000년 전에 살던 배우지 못한 목자들이 알아들을 수 있는 용어로 설명을 한 것이 아니냐고 물었다. 나는 그 설명을 더 신화처럼 대해야 하며, 실제로는 신이 더욱 경이로운 창조 메커니즘을 고안한 것이라고, 즉 자연선택을 통한 진화를 창안한 것이라고 주장했다. 유감스럽게도 목사는 결코 그렇게 보지 않았다. 그는 「창세기」를 글자 그대로 진리라고 믿어야 한다고 말하면서, 나를 위해서 기도하겠다고 했다.

그 일을 계기로 나의 종교적 믿음은 서서히 무신론으로, 아니 더 정확히 말하자면 회의주의적 불가지론으로 바뀌기 시작했다. 나는 종교마다 믿음이 전혀 다를 수 있으며, 그런 믿음들이 서로 모순될 수 있다는 점을 알았다.

과학은 내게 세계를 더 합리적으로 이해할 길을 제시했다. 진리를 추구할 훨씬 더 확실하면서도 더 탄탄하고 더 나은 길을 알려주었다. 그것이 바로 과학의 궁극적인 목표였다.

자연선택을 통한 진화는 다양한 생명체가 어떻게 출현하고 목적을 지니게 되는지를 설명한다. 진화는 우연을 통해서 추진되고 점점 더 효율적인 생명체를 생성하는 필연의 인도를 받는다. 그러나 생명이 실제로 어떻게 작동하는지는 그다지 알려주지 않는다. 그러니 우리는 다시 두 가지 개념을 살펴보아야 한다. **화학으로서의 생명**부터 살펴보기로 하자.

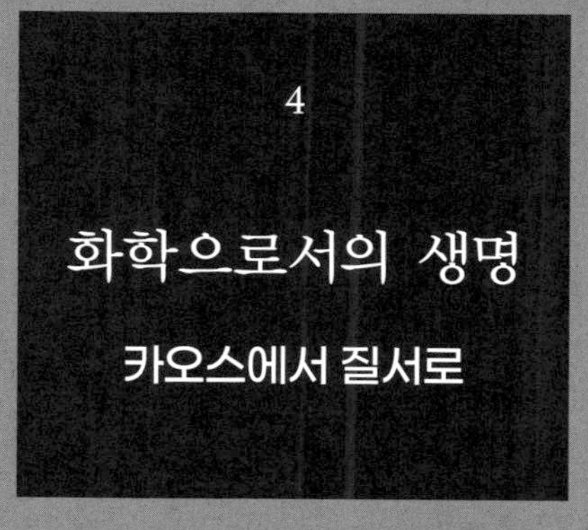

4

화학으로서의 생명

카오스에서 질서로

사람들 대부분은 아마도 자신의 주변 세계를 크게 두 유형, 살아 있는 것과 명백히 살아 있지 않은 것으로 나눌 것이다. 생물은 행동하는 존재이기 때문에 눈에 띈다. 즉 주변에 반응하고 번식을 하는 등 목적을 가지고 행동한다. 조약돌, 산, 모래 해변 같은 살아 있지 않은 것들에는 이런 특징이 전혀 없다. 사실 이 책에 기술된 개념들이 등장하기 전인 200년 전으로 거슬러간다면, 생물 특유의 신비한 힘이 지구의 생명을 이끈다는 결론을 내리는 것이 당연할 수도 있다.

이런 사고방식을 "생기론(vitalism)"이라고 하며, 이 개념은 아리스토텔레스와 갈레노스 같은 고전 사상가들, 아니 아마 더 이전까지 거슬러올라갈 것이다. 가장 합리적이면서 과학적인 사람조차도, 그런 생각을 완전히 버리기는 어렵다. 만약 여러분이 누군가가 죽는 것을 본다면, 불가해한 생명의 불꽃이 갑작스럽게 꺼지는 것처럼 비칠 수 있음을 알게 될 것이다.

생기론적 설명은 우리의 마음이 이해하고자 애쓰는 것에 위안이 되는 해결책을 제공하는 듯하기 때문에 매혹적이다. 그러나 사실 현재 우리는 그 어떤 형태의 마법도 동원할 필요가 없다고 확신할 수 있다. 생명의 대부분의 측면들은 물리학과 화학의 관점에서 더 잘 이해할 수 있다. 비록 고도로 체계화되고 편제된 비범한 형태이자, 그 어떤 무생물 과정도 따라올 수 없는 정교한 형태의 화학이기는 하지만 말이다. 내가 볼 때는 이 설명이 과학적 탐구의 범위 너머에 있는 수수께끼 같은 힘들이 생명을 인도한다는 그 어떤 믿음보다도 더 경이감을 일으킨다.

조금 의아하겠지만 생명이 화학이라는 개념은 발효 연구에서 유래했다. 발효는 맥주와 포도주를 빚을 때 단순한 미생물인 효모가 알코올을 만드는 과정이다. 이 과정은 오랫동안 인류의 관심사였다.

사실 나의 삶 자체는 발효에 아주 많은 영향을 받았다. 내가 맥주를 조금 좋아하기 때문만은 아니다. 물론 이른 저녁에 빈 술집에 홀로 앉아서 이런저런 생각에 잠기는 것이야말로 나에게는 진정한 기쁨이다. 열일곱 살에 고등학교를 졸업했을 때, 나는 생물학을 공부하고 싶었지만 대학에 들어갈 수가 없었다. 당시에는 O레벨이라는 시험을 치러서 기초 외국어 실력이 기준 점수 이상이 되어야만 대학에 들어갈 수 있었다. 그런데 나는 프랑스어 시험에 6번이나 떨어졌다. 아마 O레벨 역사상 최고 기록이었을 것이다! 그래서 대학에 갈 수 없었던 나는 대신에 양조장에 딸린 한 미생물 연구실에서 연구원으로 일하게 되었다.

나의 일과 가운데 하나는 과학자들이 미생물을 키우는 데에 필요한, 영양소들을 섞은 배양액을 제조하는 것이었다. 곧 나는 그들이 매일 주문하는 양이 거의 동일하다는 것을 깨달았다. 그래서 월요일에 미리 많이 만들어놓고 일주일 내내 쓸 수 있었다. 어느 날 상사인 빅 나이버트가 잠깐 보자고 했다. 말이 난 김에 덧붙이자면, 그는 여가 활동으로 조지아 전통 춤을 추고는 했다. 어느 날 저녁 그가 실험대 위에서 카자흐스탄 전통 춤 비슷하게 열정적으로 다리를 차면서 춤을 추는 모습을 보고서 알아차렸다! 관대하게도 그는 나에게 달걀의 살모넬라균 감염을 연구하는 일을 해보지 않겠냐고 물었다. 매일 진짜 과학자인 양 실험을 한다고 생각하니, 열여덟의 나는 가슴이 터질 듯이 기뻤다.

양조장에서 일하고 있던 그해에 버밍엄 대학교의 한 인정 많은 교수가 나에게 면접을 보러 오라고 했다. 그는 나의 형편없는 외국어 점수를 무시하라고 대학 당국을 설득하는 데에 성공했고, 덕분에 나는 1967년 생물학 공부를 시작할 수 있었다. 이렇게 젊을 적에 프랑스어 때문에 몹시 고생했는데, 30년 뒤에 효모 연구로 프랑스 대통령으로부터 레지옹 도뇌르 훈장을 받았다는 사실을 생각하면 얄궂기도 하다. 게다가 수상 연설을 프랑스어로 해야 했다! 이렇게 거의 평생을 효모를 연구하기는 했지만, 나 스스로 제조한 포도주나 맥주는 한 방울도 없다.

발효에 대한 과학적인 연구는 18세기에 프랑스 귀족이자 과학자인 앙투안 라부아지에로부터 시작되었다. 그는 현대 화학의 창시자 중의 한 명이다. 그 자신에게 그리고 과학 전체에 불행하게도, 그는 부업으로 세금 징수관으로도 일했다. 그래서 프랑스 혁명 시기인 1794년 5월 단두대에서 처형되었다. 인민 정치 법정의 판사는 "공화국에 학자와 화학자는 전혀 필요 없다"면서 사형을 선고했다. 우리 과학자들은 정치인과 얽힐 때에는 마땅히 조심해야 하는 법이다! 정치인, 특히 대중에 영합하는 정치인은 불행하게도 "전문가"를 무시하는 경향이 있다. 근거가 빈약한 자신의 견해를 전문가가 논박할 때면 더욱 그렇다.

때 이르게 단두대에서 사라지기 전, 라부아지에는 발효

과정에 매료되어 있었다. 그는 "발효는 원료인 포도즙의 당을 최종 산물인 포도주의 에탄올로 전환하는 **화학 반응**이다"라고 결론지었다. 그 전까지는 어느 누구도 그런 식으로 생각한 적이 없었다. 더 나아가 라부아지에는 "발효 인자(ferment)"라는 것이 있으며, 그것이 포도 자체에서 나오는 듯하며, 그 화학 반응에 핵심적인 역할을 한다고 주장했다. 그러나 그는 그 "발효 인자"가 무엇인지는 알 수 없었다.

그로부터 약 반세기 뒤, 산업용 알코올 제조업자들이 프랑스의 생물학자이자 화학자인 루이 파스퇴르에게 생산에 계속 문제를 일으키는 수수께끼를 풀어달라고 도움을 요청하면서 그 발효 인자의 정체가 더 뚜렷이 드러나게 되었다. 그들은 왜 때때로 사탕무가 제대로 발효되지 않아 에탄올 대신에 시큼하고 불쾌한 산(酸)이 생기는지 그 이유를 알고 싶었다. 파스퇴르는 탐정이 할 법한 방식으로 이 수수께끼를 파헤치러 나섰다. 그는 현미경을 이용해서 중요한 단서를 얻었다. 알코올을 생산한 발효통의 찌꺼기에는 효모 세포가 들어 있었다. 활발하게 증식하고 있음을 보여주는 출아(出芽)가 붙어 있는 효모도 있었으므로, 이 효모들은 명백히 살아 있었다. 그런데 시큼하게 변질된 통에서는 효모 세포를 전혀 찾을 수 없었다. 이런 단순한 관찰을 토대로, 파스퇴르는 미생물인 효모가 바로 그 정체가 모호한 발효 인자라고 주장했다. 즉 에탄올을 만드는 핵심 인자라는 것이었다. 그는 발효가 잘못되어 시큼해지는 것은 어떤 다른 미생물, 아마도 효모보다 더 작은 세균이 산을 만들기 때문일 것이라고 추측했다.

여기에서 요점은 살아 있는 세포가 자라면서 특정한 화학 반응을 직접 일으킨다는 것이었다. 이 사례에서 효모 세포는 포도당을 에탄올로 바꾸었다. 파스퇴르가 한 가장 중요한 일은 개별 사례로부터 일반화로 나아감으로써, 중요한 새로운 결론에 다다른 것이었다. 그는 화학 반응이 세포 생명의 한 흥미로운 특징일 뿐만 아니라, 생명을 정의하는 특징 중의 하나라고 주장했다. 파스퇴르는 "화학 반응은 **세포의 생명의 한 표현이다**"라는 말로 이 점을 탁월하게 요약했다.

오늘날 우리는 모든 생물의 세포 내에서 수백, 아니 수천 가지의 화학 반응이 동시에 일어나고 있음을 안다. 이런 반응으로 생명의 분자들, 즉 세포의 성분과 구조를 이루는 분자들이 생겨난다. 또 화학 반응은 분자들을 분해하여, 세포 성분을 재순환시키고 에너지를 생산한다. 생물에서 일어나는 이런 아주 다양한 화학 반응을 **대사**(metabolism)라고 한다. 대사는 유지, 성장, 조직화와 번식 등 생물이 하는 모든 일의 토대이자, 이 과정들을 추진하는 데에 필요한 모든 에너지의 원천이다. 대사는 생명의 화학이다.

그런데 대사를 구성하는 다양하면서 수많은 화학 반응들은 모두 어떻게 생기는 것일까? 파스퇴르의 효모에서 발효의 화학 반응을 수행하는 것은 어떤 종류의 물질일까? 또다른 프랑스 화학자 마르셀랭 베르틀로는 이 수수께끼를 더 깊이 파고든 끝에 또다른 발전을 이루었다. 그는 효모를 으깬 뒤, 그 세포 잔해에서 흥미로운 방식으로 행동하는 화학 물질을 추출했다. 그 물질은 특정한 화학 반응—자당(수크로스)을 구성 성분인 포도당과 과당이라는 두 개의 당으로 전환한다—을 촉발했다. 그런데 반응이 일어난 뒤에도 자신은 사라지지 않고 그대로 남아 있었다. 그것은 살아 있지 않은 물질이었지만 생명 과정의 일부였고, 특히 세포에서 추출한 뒤에도 계속 작동했다. 그는 이 새 물질을 인버테이스(invertase, 전화 효소)라고 불렀다.

인버테이스는 효소이다. 효소는 촉매이다. 촉매는 화학 반응을 촉진하고 가속하는 매개체라는 뜻이며, 때로는 반응 속도를 대폭 높인다. 효소는 생명에 대단히 중요하다. 효소가 없다면 생명에 가장 중요한 화학적 과정들 중 상당수는 아예 일어나지 않을 것이다. 특히 대다수의 세포 안의 비교적 낮은 온도와 온화한 조건에서 일어나는 과정들이 그렇다. 효소의 발견은 생명 현상의 대부분을 효소가 촉매하는 화학 반응이라는 관점에서 볼 때에 가장 잘 이해할 수 있다는 오늘날의 합의된 견해—모든 생물학자들이 공유하는—의 토대가 되었다. 효소가 어떻게 이런 일을 하는지를 이해하려면, 효소가 무엇이고 무엇으로 만들어지는지를 이해할 필요가 있다.

효소는 대부분 단백질로 되어 있다. 단백질은 세포가 만드는 중합체(polymer)라는 긴 사슬 같은 분자이다. 중합체 구조는 생명의 화학의 모든 측면에 근본적으로 중요하다. 대부분의 효소와 다른 모든 단백질뿐만 아니라, 세포막을 만드는 모든 지질 분자, 에너지를 저장하는 모든 지방과 탄수화물, 유전을 맡은 DNA 및 DNA와 매우 가까운 분자인 리보핵산(RNA) 같은 핵산은 모두 중합체이다.

이런 중합체는 기본적으로 겨우 5가지 화학 원소—탄

소, 수소, 산소, 질소, 인—로 구성되어 있다. 이 5가지 중에서 탄소는 특히 중추적인 역할을 한다. 주로 다른 원소들보다 더 다재다능하기 때문이다. 예를 들면, 수소 원자는 다른 원자와 연결, 즉 화학 결합을 하나만 이루는 반면, 탄소 원자는 다른 4개의 원자들과 결합을 이룰 수 있다. 바로 이 점이 탄소의 중합체 형성 능력의 열쇠이다. 탄소는 형성할 수 있는 4개의 결합 중 2개로 다른 두 원자, 특히 다른 탄소 원자와 연결되고 후자는 다시 다른 탄소 원자와 연결되는 식으로 죽 이어진 사슬을 형성할 수 있다. 이 사슬이 중합체의 뼈대가 된다. 뼈대의 각 탄소 원자는 다른 원자들과 2개의 결합을 더 이룰 수 있다. 이 추가 결합으로 중합체의 주된 사슬 옆으로 다른 분자들로 이루어지는 곁가지를 붙일 수 있다.

세포에 있는 중합체 중에는 아주 큰 분자들이 많다. 사실 아주 커서 거대분자(macromolecule)라는 별도의 이름이 붙어 있다. 우리의 염색체 하나를 이루는 DNA 거대분자의 길이가 몇 센티미터라는 점을 떠올리면, 이런 분자가 얼마나 큰지 감을 잡을 수 있다. 이는 탄소 원자 수백만 개를 이으면 놀라울 만치 길어지지만, 놀라울 만치 가느다란 분자 실이 된다는 뜻이다.

단백질 중합체는 그렇게까지 길지 않다. 대개 탄소 원자 수백 개에서 수천 개가 연결된 수준이다. 그러나 화학적으로는 DNA보다 훨씬 더 다양하다. 그것이 바로 단백질이 효소로 작동할 수 있고, 따라서 대사에서 주된 역할을 할 수 있는 이유이다. 각 단백질은 더 작은 아미노산 분자들이 하나씩 차례로 결합되어 긴 사슬을 이룬 탄소 기반의 중합체이다. 예를 들면, 인버테이스는 아미노산 512개가 특정한 순서에 따라서 연결되어 만들어진 단백질 분자이다.

생명은 20가지의 아미노산을 사용한다. 각 아미노산은 주된 중합체 사슬로부터 옆으로 뻗어나가는 곁가지를 지닌다. 이런 곁가지 때문에 각 단백질은 독특한 화학적 특성을 가지게 된다. 예를 들면, 어떤 아미노산은 음전하나 양전하를 띠며, 어떤 아미노산은 물을 끌어당기거나 밀어내며, 어떤 아미노산은 다른 분자와 쉽게 결합을 이룰 수 있다. 각각 다른 곁 분자를 지닌 아미노산들을 다양하게 조합하여 사슬을 만듦으로써, 세포는 엄청나게 다양한 종류의 단백질 중합체 분자를 만들 수 있다.

이런 선형 단백질 중합체 사슬은 일단 조립되면, 접히고 꼬이고 자체 결합되어서 복잡한 삼차원 구조를 만든다. 끈적거리는 테이프가 이리저리 뭉쳐서 복잡하게 뒤엉킨 공처럼 변하는 것과 조금 비슷하다. 단백질이 접히는 방식은 아주 정확하게 동일한 구조를 반복적으로 생성할 수 있는 유형이라는 점이 다르기는 하다. 한 세포에서 동일한 아미노산 사슬은 언제나 동일한 모양으로 접히려고 할 것이다. 일차원에서 삼차원으로의 이 도약은 매우 중요하다. 각 단백질이 독특한 물리적 형태와 독특한 화학적 특성을 지닌다는 뜻이기 때문이다. 그 결과 세포는 효소가 작용하는 화학 물질과 아주 정확히 들어맞는 방식으로 효소들을 만들 수 있다. 예를 들면, 인버테이스의 특정 부위와 자당 분자는 완벽하게 끼워진다. 그럼으로써 효소는 특정한 화학 반응을 일으키는 데에 필요한 정확한 화학적 조건을 제공할 수 있다.

효소는 세포 대사의 토대를 이루는 거의 모든 화학 반응을 실행한다. 효소는 다른 분자를 만들고 분해할 뿐만 아니라, 더 많은 역할을 한다. 효소는 품질 유지 담당자 역할을 하고, 세포의 영역들 사이에 성분과 메시지를 운반하고, 세포 안팎으로 분자들을 운반한다. 또 침입자가 있는지 감시하고, 세포를 방어하고 따라서 몸을 질병으로부터 보호하는 단백질을 활성화한다. 그리고 단백질은 효소만 만드는 것이 아니다. 우리 몸의 모든 부위—머리카락에서부터 위장의 위산과 눈의 수정체에 이르기까지—는 단백질이나 단백질이 만든 것으로 이루어져 있다. 이 모든 단백질은 기나긴 진화를 통해서 세포의 특정한 기능을 충족시키는 방향으로 다듬어졌다. 비교적 단순한 세포도 엄청나게 많은 단백질 분자를 가지고 있다. 작은 효모 세포에는 총 4,000만 개가 넘는 단백질 분자들이 들어 있다. 베이징 같은 거대한 도시에 사는 인구보다 2배나 많은 단백질들이 아주 작은 세포에 들어 있다!

단백질의 이 엄청난 다양성에 힘입어서 모든 세포는 잠시도 쉴 새 없이 엄청난 규모로 화학 반응을 수행한다. 분자 세계를 볼 수 있는 눈으로 살아 있는 세포 안을 들여다본다면, 화학 활동으로 격렬하게 들끓는 세계가 눈앞에 펼쳐질 것이다. 어떤 분자는 전하를 띠고 있어서 서로 당기거나 밀어내고, 어떤 분자는 중성을 띠고 있어서 수동적이다. 산성을 띤 것도 있고 염기성을 띤 것도 있다. 이 모든 다양한 물질들은 무작위적인 충돌이나 단계적인 접촉을 통해서 끊임없이 상호작용한다. 때로 분자들은 전자와 양성자를 재빨리 주고받으면서 일시적으로 화학 반응을 일으키고는 한다. 또 단단하게 유지되는 결합을 형성함으로써 화학적으로 계속 연결된 상태로 있는 분자들도 있다. 세포는 생명을 유지하기 위해서 이런 온갖 수천 가지 화학 반응을 끊임없이 일으킨다. 가장 큰 화학 공장에서 쓰이는 화학 반응의 수도 이에 비하면 미미한 수준이다. 예를 들면, 플라스틱 공장은 겨우 수십 가지 화학 반응을 토대로 가동될 수 있다.

시간 스펙트럼에서 보면, 이 모든 격렬하고 빠르게 일어나는 활동들은 이런 체계가 진화하는 데에 필요한 깊은 시간의 반대쪽 끝에 놓여 있다. 세포 세계의 이 핑핑 돌아가는 시간도 진화 시간만큼이나 우리의 뇌가 이해하기가 쉽지 않다. 이런 반응을 제어하는 세포의 효소 중에는 매초에 수천 번, 심지어 수백만 번의 화학 반응을 일으킬 정도의 경이로운 속도로 일하는 것도 있다. 이런 효소는 극도로 빠를 뿐만 아니라, 극도로 정확할 수 있다. 화학공학자가 꿈만 꿀 수 있는 수준의 정확도와 신뢰도로 개별 원자를 조작할 수 있다. 그러나 진화는 이런 과정을 수십억 년 동안 다듬어왔다. 우리 인간보다 훨씬 오랜 세월 동안!

이 모든 반응들이 조화롭게 협력하도록 만든 것은 엄청난 성취이다. 세포 안에서 엄청나게 다양한 화학 반응들이 동시에 일어나고 있기 때문에 혼란스러워 보일지 모르지만, 이 반응들은 사실 고도로 조직되어 있다. 제대로 기능하려면, 각각의 반응이 그에 적합한 특정한 화학적 조건을 갖춰야 한다. 더 산성이거나 염기성을 띤 환경에 놓여 있어야 하는 것도 있다. 칼슘, 마그네슘, 철, 칼륨 같은 특정한 화학 이온을 필요로 하는 것도 있다. 물이 필요하거나 물이 있으면 느려지는 것도 있다. 그러나 이 모든 화학 반응은 어떻게든 세포라는 아주 작은 공간에서 복작거리면서 동시에 수행되어야 한다. 이런 일이 가능한 것은 오로지 화학 공장에서 쓰이는 것 같은 극단적인 온도, 압력, 산성 또는 염기성 조건 같은 것을 요구하지 않는 다양한 효소들 덕분이다. 그런 조건을 요구한다면, 그렇게 복작거리면서 함께 있을 수 없을 것이다. 그렇기는 해도 이런 대사 반응 가운데 상당수는 서로 분리되어 있어야 한다. 서로를 방해하지 말아야 하고, 특정한 화학적 요구 조건이 충족되어야 한다. 이 과제를 해결하는 열쇠는 바로 **구획화**(compartmentation)이다.

구획화는 온갖 종류의 복잡한 체계가 작동하도록 만드는 방법의 하나이다. 도시를 예로 들어보자. 도시는 기차역, 학교, 병원, 공장, 경찰서, 발전소, 하수처리장 등 특정한 기능별로 구획하여 조직될 때에만 효율적으로 작동한다. 이 기능들과 훨씬 더 많은 다른 기능들은 도시가 하나의 전체로서 돌아가는 데에 필요하지만, 모두를 완전히 뒤섞어버린다면 전부 와해될 것이다. 이 기능들은 효율적으로 작동하려면 서로 분리되어야 하지만, 비교적 서로 가까운 곳에서 연결되어 있을 필요도 있다. 세포도 마찬가지이다. 물리적 공간으로든 시간적으로든 간에, 서로 분리되어 있으면서도 연결되어 있는 화학적 미시 환경들의 집합을 구축해야 한다. 생물은 아주 큰 것에서부터 극도로 작은 것에 이르기까지 다양한 규모로 존재하는 상호작용하는 구획들로 이루어진 체계를 구축함으로써 이 일을 해낸다.

아마 이런 규모 중에서 가장 큰 것이 우리에게 가장 친숙할 듯하다. 바로 식물과 동물 같은 다세포 생물의 조직과 기관이다. 즉 우리가 가지고 있는 것들이다. 이런 조직과 기관은 특정한 화학적, 물리적 과정들에 맞추어서 구획된 것들이다. 위장과 창자는 음식에 든 화학 물질을 소화한다. 간은 화학 물질과 약물을 해독한다. 심장은 화학 에너지를 써서 피를 뿜어낸다. 이런 기관들의 기능은 모두 그 기관을 이루는 분화한 세포와 조직에 달려 있다. 위장의 내층에 있는 세포들은 위산을 분비하고, 심장 근육에 있는 세포들은 수축을 한다. 이 모든 세포들도 나름 구획되어 있다.

사실 세포는 생명의 구획화를 보여주는 근본적인 사례이다. 세포막의 본질적인 역할은 세포의 내용물을 바깥 세계와 분리하는 것이다. 세포막의 격리 효과 덕분에, 세포는 화학적, 물리적 질서를 갖춘 일종의 작은 섬을 유지하고 관리할 수 있다. 물론 세포는 이런 상태를 일시적으로만 유지할 수 있다. 활동을 멈추면, 세포는 죽고 카오스가 다시 지배할 것이다.

세포 자체는 여러 층위에 걸쳐서 구획화가 되어 있다. 이런 구획들 가운데 가장 큰 것은 세포핵과 미토콘드리아처럼 막으로 둘러싸인 소기관이다. 그러나 이런 소기관들이 어떻게 작동하는지를 살펴보려면, 먼저 탄소 중합체라는 더 단순한 수준까지 내려갈 필요가 있다. 더 큰 구획은 이런 기초 성분들의 특성을 중심으로 구축되기 때문이다.

세포 내에서 가장 작은 화학적 구획은 효소 분자 자체의 표면이다. 이런 분자가 얼마나 작은지 감을 잡을 수 있도록, 여러분의 손등에 난 아주 가느다란 털을 들여다보라. 맨눈으로 볼 수 있는 가장 가느다란 구조물에 속한다. 그래도 효소 단백질에 비하면 아주 거대하다. 인버테이스 분자 약 2,000개를 한 줄로 죽 늘어놓으면 이 털의 지름만 해진다.

각 효소 단백질 분자에는 자신이 처리하는 특정한 분자가 끼워지는 자리가 있다. 이 결합 자리와 그 주위의 공간은 해당 분자와 개별 원자 규모에서 잘 들어맞도록 절묘한 모양을 하고 있다. 이런 절묘한 구조는 아주 작아서 맨눈으로는 볼 수 없다. 가장 강력한 광학 현미경으로도 보이지 않는다. 연구자들은 X선 결정학과 저온 전자 현미경법 같은 기술을 활용해서 이런 모양과 특성을 추론해야 한다. 구성 원자 수백 개 또는 수천 개의 위치와 특성을 파악할 수 있도록, 우리의 감각을 놀라운 수준으로까지 확장하는 기술들이다. 연구자들은 반응이 일어나는 동안 효소가 화학 물질과 어떻게 상호작용을 하는지도 볼 수 있다. 효소가 작용하는 이런 화학 물질을 **기질**(substrate)이라고 한다. 효소와 그 기질은 아주 작은 삼차원 조각 맞추기 퍼즐의 조각처럼 서로 들어맞는다. 이 퍼즐의 조각들이 끼워 맞추어질 때, 효소가 원자 수술이나 다름없는 극도로 정확한 행동을 수행할 딱 맞는 각도와 화학적 조건이 갖추어진다. 그리고 세포의 나머지 영역들로부터 사실상 격리된 공간에서 화학 반응이 일어난다. 효소는 개별 원자를 조작하고 특정한 분자 결합을 이루거나 끊는다. 예를 들면, 인버테이스는 자당 분자의 한가운데에 있는 한 산소 원자와 탄소 원자 사이의 특정한 결합을 끊는다.

효소들은 서로 협력하여 한 반응의 산물이 곧바로 다음 반응의 기질이 되도록 할 수 있다. 그런 식으로 복잡한 과정에 필요한 화학 반응들을 순서에 맞게 조직할 수 있다. 지질막을 만들거나 단순한 구성성분으로 복잡한 화학 성분을 만드는 데에 필요한 과정이 그렇다. 생물학자들은 이렇게 복잡하게 상호작용하는 일련의 화학 과정들을 대사 경로(metabolic pathway)라고 하며, 이런 경로 중에는 여러 독특한 반응들을 수반하는 것도 있다. 대사 경로에서는 한 공장의 조립 라인처럼 작업이 이루어져서 각 단계에서 일이 마무리 된 뒤에야 다음 단계로 넘어간다.

효소들은 서로 협력하여 DNA를 매우 정확히 복제하는 일 같은 더욱 복잡한 합성 과정도 수행할 수 있다. 이런 일을 하는 효소는 극도의 정확성과 신뢰성을 겸비한 아주 작은 분자 기계라고 상상하는 편이 가장 낫다. 이런 분자 기계 중에는 화학 에너지를 사용해서 세포에서 물리적 작업을 하는 것도 있다. 세포 내에서 다양한 물질과 구조를 움직이고 세포 자체의 운동을 일으키는 분자 "모터" 역할을 하는 단백질들이 그렇다. 세포 내에서 성분과 화학 물질을 필요한 곳으로 운반하는 택배 기사처럼 일하는 것들도 있다. 이들은 복잡하게 뻗어 있는 철도망과 비슷하게 세포 안에서 이리저리 가로지르는 복잡한 도로망을 통해서 운반한다. 이 도로망도 단백질로 만들어진다. 연구자들은 이런 미세한 분자 모터가 작동하는 모습을 영상에 담았다. 이 모터는 세포 안에서 작은 로봇처럼 "걸어다니는" 듯이 보이기도 한다. 이런 모터는 앞으로만 계속 움직이게 하고 다른 분자와 우연히 부딪혀도 경로에서 벗어나지 않도록 돕는 깔쭉톱니바퀴 메커니즘을 갖추고 있다.

이런 분자 모터 중에는 염색체를 서로 분리하고 세포를 절반으로 나누는 데에 필요한 힘을 일으키는 것도 있다. 그리고 노란 나비가 날개를 펄럭여서 우리 집 뜰을 날아다니고, 여러분의 눈이 이 지면의 단어들을 따라갈 수 있고, 치타가 놀라운 속도로 달릴 수 있는 것은 이 극도로 작은 분자 모터 수십억 개가 협력하여 근육 세포 수백만 개를 움직이기 때문이다. 많은 세포들에 걸쳐서 대규모로 움직이는 각 단백질의 미세한 효과들이 종합된 것이 바로 우리가 현실에서 보는 현실적인 결과들이다.

개별 효소와 분자 기계보다 좀더 큰 규모에서는 단백질 집단들이 서로 물리적으로 얽혀서 더욱 복잡한 화학 과정들을 조정하는 세포 기구 집합을 형성한다. 단백질이 만들어지는 기구인 리보솜은 그중에서도 중요하다. 리보솜은 단백질 수십 개와 DNA의 가까운 화학적 친척인 몇 개의 커다란 RNA 분자로 되어 있다. 리보솜은 전형적인 효소보다 더 커서 수천 개가 아니라 수백 개를 죽 늘어세우면 우리 털의 지름만 해진다. 그래도 너무 작아서 맨눈으로는 볼 수 없고, 전자현미경의 도움을 받아야 한다. 성장하고 번식하는 세포에는 새로운 단백질이 엄청나게 많이 필요하므로, 리보솜이 수백만 개씩 들어 있을 수 있다.

새로운 단백질 분자를 만들려면, 리보솜은 특정한 유전자의 유전암호를 읽고서 그것을 단백질의 아미노산 문자 20개로 번역해야 한다. 그럴 때에 세포는 먼저 특정한 유전자를 일시적으로 복제한다. 이 사본은 RNA로 되어 있다. 이 사본은 전령 역할을 하며, 실제로 전령 RNA(messenger RNA)라고 한다. 세포핵에 있는 유전자로부터 떨어져 나와서 그 유전 정보를 지닌 채 리보솜으로 이동하기 때문이다. 리보솜은 전령 RNA를 단백질을 만드는 주형으로 삼고서 유전자가 지정한 순서에 따라서 아미노산들을 한 줄로 이어붙인다. 리보솜은 고도의 구조를 갖춘 별도의 미시 환경을 조성함으로써, 이 여러 단계에 걸쳐서 여러 효소들을 통해서 진행되는 과정이 정확하고 빠르게 진행될 수 있도록 한다. 리보솜 하나는 겨우 약 1분이면 아미노산 약 300개로 이루어진 평균적인 크기의 단백질을 만들 수 있다.

우리에게 친숙한 크기의 물건들에 비하면 여전히 무척 작기는 하지만, 그래도 리보솜보다는 훨씬 더 큰 구조물은 자체 지질막으로 둘러싸인 세포 소기관이다. 세포 소기관은 진핵세포에서 리보솜보다 한 단계 더 높은 차원의 중요한 구획 층이다. 진핵세포의 중앙에는 세포핵이라는 소기관이 있다. 현미경으로 세포를 들여다볼 때에 대개 가장 눈에 띄는 소기관이다. 그러나 대부분의 세포는 매우 작으며—몸의 백혈구는 두세 개를 늘어세우면 손등에 난 가는 털의 지름과 비슷해질 것이다—세포핵은 더 작다. 백혈구의 세포핵은 세포 부피의 약 10퍼센트를 차지할 뿐이다. 그러나 이 놀라울 만치 작은 공간에 2만2,000개의 유전자 전부를 포함하여 우리 DNA의 사본 전체가 들어 있다는 점을 기억하자. 죽 펴면 길이가 2미터나 되는 것이 똘똘 말려서 들어 있다.

세포를 살아 움직이게 하는 모든 화학 활동은 에너지를, 그것도 사실상 아주 많은 에너지를 필요로 한다. 오늘날 우리 주위에 있는 생명체의 대다수는 궁극적으로 태양으로부터 에너지를 얻는다. 생명에 중요한 또다른 세포 소기관인 엽록체가 그 일을 맡는다. 세포핵과 달리 엽록체는 동물 세포에는 없고, 식물과 조류에만 있다. 엽록체는 광합성이 이루어지는 곳이다. 광합성은 햇빛의 에너지를 이용해서 물과 이산화탄소를 당과 산소로 전환하는 화학 반응의 집합이다.

광합성에 필요한 효소는 각 엽록체를 감싸는 두 겹의 막 안에 들어 있다. 동네 공원에서 자라는 풀줄기의 세포 하나하나는 거의 공 모양인 이 소기관을 100개쯤 가지고 있다. 그리고 각 엽록체 안에는 엽록소라는 단백질이 고농도로 들어 있다. 풀잎이 녹색을 띠는 이유는 바로 이 엽록소 때문이다. 엽록소는 빛 스펙트럼의 파란 파장과 붉은 파장의 에너지를 흡수하여 광합성을 한다. 녹색 파장의 빛은 그냥 반사한다.

식물, 조류, 그리고 광합성을 할 수 있는 몇몇 세균은 자신이 생산하는 단순한 당을 자신의 에너지원으로 사용하는 한편으로, 생존에 필요한 다른 분자들을 만드는 원료로도 쓴다. 다른 아주 많은 생물들도 그들이 생산하는 당과 탄수화물을 소비한다. 곰팡이는 썩어가는 나무를 먹고, 양은 풀을 뜯어먹고, 바다에서는 고래가 광합성을 하는 식물성 플랑크톤을 몇 톤씩 빨아들이고, 이 세계의 모든 대륙에서는 사람들이 모든 작물을 먹는다. 사실 우리 몸의 모든 부위를 만드는 데에 대단히 중요한 탄소는 궁극적으로 광합성에서 나온다. 광합성은 이산화탄소에서 시작한다. 이산화탄소는 공기에서 추출되어 광합성의 화학 반응에 쓰인다.

광합성의 화학은 오늘날 지구에 사는 생명체의 대부분을 만드는 데에 쓰일 에너지와 원료를 제공할 뿐 아니라, 지구의 역사를 빚어내는 결정적인 역할도 해왔다. 생명은 약 35억 년 전에 처음 나타난 듯하다. 지금까지 발견된 가장 오래된 화석의 연대가 그렇다. 그들은 단세포 미생물이었고, 아마도 지열원으로부터 에너지를 얻었을 것이다. 지구에 생명이 처음 등장했을 시기에는 광합성이 아예 없었으므로, 산소의 주된 공급원도 없었다. 그 결과 대기에는 산소가 거의 없었고, 지구의 초기 생명체에게 산소는 독이었을 것이다.

우리는 산소를 생명을 유지하는 물질로 생각하고 실제로 그렇기도 하지만, 산소는 화학적으로 반응성이 강한 기체라서 다른 화학 물질을 손상시킬 수 있다. DNA 등 생명에 필수적인 중합체도 손상된다. 미생물은 진화하면서 이윽고 광합성 능력을 획득했고, 그런 미생물은 그 뒤로 오랜 세월에 걸쳐서 계속 불어났다. 그 결과 대기의 산소량이 대폭 증가하기에 이르렀다. 20억-24억 년 전에 이른바 산소 급증 사건(Great Oxygen Catastrophe)이 일어났다. 당시에 존재하던 생물은 모두 미생물, 즉 세균이거나 고세균이었는데, 일부 연구자들은 그들 **대부분**이 급증한 산소 때문에 몰살당했다고 본다. 생명이 생명 전체를 거의 끝장낸 조건을 빚어냈다니 역설적이다. 생존한 소수의 생명체는 해저나 깊은 지하처럼 산소에 덜 노출되는 곳으로 피신했거나 산소화한 세상에서 적응하고 번성하는 데에 필요한 새로운 화학을 갖추는 쪽으로 진화해야 했을 것이다.

오늘날 우리 인간 같은 생물의 세포는 여전히 산소를 신중하게 다루지만, 우리 몸이 먹거나 만들거나 흡수하는 당, 지방, 단백질로부터 에너지를 얻으려면 산소가 필요하므로 전적으로 산소에 의지하고 있다. 산소를 이용한 에너지 생산은 **세포 호흡**(cellular respiration)이라는 화학적 과정을 통해서 일어난다. 이 과정의 첫 단계는 미토콘드리아 안에서 일어난다. 모든 진핵생물 세포에 대단히 중요한 또다른 세포 소기관이다.

미토콘드리아의 주된 역할은 세포가 생명의 화학 반응을 추진하는 데에 필요한 에너지를 생성하는 것이다. 에너지가 많이 필요한 세포에 미토콘드리아가 많이 들어 있는 이유가 바로 그 때문이다. 심장을 계속 뛰게 하기 위해서, 심장의 근육에 있는 각 세포는 미토콘드리아를 수천 개씩 지녀야 한다. 심장 세포에서 미토콘드리아는 가용 공간의 약 40퍼센트를 차지한다. 엄밀한 화학적 관점에서 볼 때, 세포 호흡은 광합성의 핵심을 이루는 반응을 뒤집은 것이다. 당과 산소는 서로 반응하여 물과 이산화탄소를 만들면서 많은 에너지를 방출하며, 세포는 이 에너지를 포획하여 나중에 이용한다. 미토콘드리아는 너무 많은 에너지 손실이 일어나지 않도록 하면서, 그리고 반응성 산소와 전자가 탈출하여 세포에 손상을 일으키지 않도록 하면서, 이 다단계의 화학 반응을 고도로 통제하면서 체계적이고 단계적으로 일으킨다.

세포 호흡에서 에너지를 추출하는 핵심 단계는 양성자의 움직임을 이용한다. 양성자는 전자를 잃어서 양전하를 띤 수소 원자(수소 이온)이다. 양성자는 미토콘드리아의 중앙으로부터 밀려나와서 미토콘드리아를 감싸는 이중막 사이로 들어간다. 그 결과 미토콘드리아 내부보다 안쪽 막 바깥에 전하를 띤 양성자가 점점 쌓이게 된다. 비록 화학에 토대를 두고 있기는 하지만, 이것은 본질적으로 물리적 과정이다. 물을 위로 퍼 올려서 댐을 채우는 것과 조금 비슷하다고 생각할 수 있다. 수력 발전소에서는 댐의 물이 아래로 흐르게 하여 물의 운동 에너지로 터빈을 돌려서 전기 에너지로 전환한다. 미토콘드리아는 양성자를 막, 즉 "댐" 너머로 퍼낸 뒤, 쌓인 양성자를 단백질로 이루어진 특수한 통로를 통해서 그 소기관의 중심으로 밀려들도록 한다. 하전(荷電) 입자들이 밀려들면서 생기는 이 힘을 전환하여 고에너지 화학 결합의 형태로 저장한다.

세포가 이런 의외의 방법으로 에너지를 생산할지도 모른다고 처음 상상한 사람은 영국의 생화학자이자 노벨상 수상자인 피터 미첼이었다. 그는 나중에 내가 효모의 세포 주기를 연구한 곳인 에든버러 대학교 동물학과에 재직했지만, 내가 그곳으로 갔을 무렵에는 이미 그곳을 떠나서 영국 남서부의 황무지에 자신의 개인 실험실을 차렸다. 이 시대에 개인 실험실이라니 정말로 특이한 사례였고, 그를 진정한 괴짜 영국인이라고 여긴 이들도 있었다. 나는 70대 후반이던 그를 만난 적이 있는데, 여전히 줄어들지 않은 그의 왕성한 호기심과 지식에 대한 열정에 깊은 인상을 받았다. 우리의 대화는 온갖 방향으로 뻗어나갔다. 나는 그의 창의적인 생각에 놀랐고, 그가 자신을 의심하는 이들을 무시하고 자신의 별난 생각이 옳다는 것을 증명하기 위해서 나아간 방식에 감명을 받았다.

미토콘드리아에서 "터빈" 역할을 하는 미세한 단백질 구조물은 모습도 발전소의 터빈과 약간 비슷하다. 비록 크기는 수십억 배 더 작지만! 양성자는 분자 터빈으로 쏟아져 들어갈 때, 지름이 1만 분의 1밀리미터에 불과한 통로를 지나서 마찬가지로 매우 작은 분자 회전날개를 돌린다. 날개는 회전하면서 너무나도 중요한 화학 결합을 일으켜서 아데노신삼인산(adenosine triphosphate, ATP)이라는 새로운 분자를 만든다. 이 반응은 초당 150회의 속도로 빠르게 일어난다.

ATP는 생명의 보편적인 에너지원이다. 각 ATP 분자는 에너지를 저장하는 미세한 배터리 역할을 한다. 세포 내의 어떤 화학 반응이 에너지를 요구하면, 세포는 ATP의 고에너지 결합을 끊어서 ATP를 아데노신이인산(adenosine diphosphate, ADP)으로 전환한다. 이 과정에서 방출된 에너지를 이용해서 세포는 화학 반응이나 분자 모터가 취하는 각 단계 같은 물리적 과정을 일으킬 수 있다.

우리가 먹는 음식의 대부분은 결국에는 세포의 미토콘드리아에서 처리된다. 미토콘드리아는 음식에 든 화학 에너지를 써서 엄청난 양의 ATP를 만든다. 우리 몸의 세포 수조 개를 지탱하는 데에 필요한 화학 반응을 모두 추진하기 위해서, 미토콘드리아들은 놀랍게도 매일 우리 몸무게에 해당하는 만큼의 ATP를 만든다! 손목의 맥박, 피부의 온기, 호흡할 때에 가슴의 오르내림을 느껴보라. 이 모두가 ATP로 추진된다. 생명은 ATP가 가동한다.

모든 생물은 에너지를 끊임없이 신뢰할 수 있게 공급받아야 하며, 궁극적으로 모두 동일한 과정을 통해서 에너지를 생산한다. 즉 장벽인 막을 가로지르는 양성자의 흐름을 제어하여 ATP를 만든다. 생명을 유지하는 "생명의 불꽃"과 얼마간이라도 비슷한 것이 있다면, 아마도 이 막을 지나는 전하의 미세한 흐름일 것이다. 그러나 여기에 수수께끼 같은 것은 전혀 없다. 이 물리적 과정은 아주 잘 밝혀져 있다. 세균은 세포막 밖으로 양성자를 능동적으로 퍼냄으로써 그렇게 하는 반면, 더 복잡한 진핵생물의 세포는 특수한 구획 내에서 그렇게 한다. 바로 미토콘드리아이다.

세포 내의 이 모든 다양한 수준의 공간 조직화—효소 내의 상상도 할 수 없이 작은 결합 자리에서부터 염색체가 들어 있는 비교적 커다란 세포핵에 이르기까지—는 세포를 새로운 관점에서 보게 해준다. 오늘날의 강력한 현미경으로 찍은 대단히 정교하면서 아름다운 사진을 볼 때, 우리는 조직되고 상호 연결된 화학적 미시 환경의 복잡하면서 끊임없이 변하는 망을 보고 있는 것이다. 이 세포의 관점은 세포를 단순히 동식물의 더 복잡한 조직과 기관을 만드는 레고 블록 같은 기본 구성단위로 보는 관점과는 천양지차이다. 각 세포는 그 자체로 온전하면서 고도로 정교한 살아 있는 세계이다.

라부아지에가 200여 년 전에 발효가 어떻게 일어나는지를 묻기 시작한 이래로, 생물학자들은 세포와 다세포 몸의 가장 복잡한 행동조차도 화학과 물리학의 관점에서 이해할 수 있다는 것을 서서히 깨달아왔다. 세포 주기가 어떻게 제어되는지를 이해하고자 나선 나와 우리 연구실 사람들에게는 이런 사고방식이 매우 중요했다. 우리는 cdc2 유전자가 세포 주기 제어 인자임을 발견했지만, 그 유전자가 실제로 무슨 일을 **하는지** 알고 싶었다. 그 유전자가 만드는 Cdc2 단백질은 실제로 어떤 화학적 또는 물리적 과정을 수행할까?

이 문제를 풀려면 우리는 유전학이라는 조금은 추상적인 세계에서 세포화학이라는 더 구체적이고 기계론적인 세계로 옮겨갈 필요가 있었다. 이는 우리가 생화학을 해야 한다는 의미였다. 생화학은 화학 메커니즘을 아주 상세히 기술함으로써 더 환원적인 접근법을 취하는 경향이 있다. 반면에 유전학은 살아 있는 계(界)의 행동을 전체적으로 살펴보는 더 전체론적 접근법을 취한다. 우리는 유전학과 세포학을 통해서 cdc2가 세포 주기의 중요한 제어 인자임을 밝혀냈지만, cdc2 유전자가 만드는 단백질이 분자 수준에서 어떻게 행동하는지를 알아내려면 생화학이 필요했다. 양쪽의 접근법은 서로 다른 유형의 설명을 제공한다. 양쪽이 들어맞는다면, 우리가 올바른 길로 가고 있다고 확신할 수 있다.

Cdc2 단백질은 단백질 인산화효소(kinase, 키네이스)

였다. 이 효소는 작은 인산 분자를 덧붙이는 **인산화**라는 반응을 촉매한다. 그럼으로써 단백질에 강한 음전하를 띠게 만든다. Cdc2가 단백질 인산화효소의 기능을 하려면, 먼저 사이클린(cyclin)이라는 다른 단백질에 결합해야 한다. 그래야 활성을 띤다. Cdc2와 사이클린은 결합하여 사이클린 의존성 인산화효소(Cyclin Dependent Kinase, CDK)라는 활성 단백질 복합체를 형성한다. 나의 친구이자 동료인 팀 헌트가 발견하여 이름을 붙인 사이클린은 세포 주기를 거치는 동안 "주기적으로" 농도가 오르락내리락 하는 단백질이다. 이 주기적인 농도 변화는 세포가 적절한 시점에 CDK 복합체를 "켜고 끄기" 위해서 이용하는 메커니즘의 일부이다. 말이 난 김에 덧붙이자면, 사이클린이라는 명칭이 cdc2보다 훨씬 더 낫다!

활성 CDK 복합체가 다른 단백질을 인산화할 때, 달라붙은 인산 분자의 음전하 때문에 표적 단백질의 모양과 화학적 특성이 바뀌게 된다. 그러면 그 단백질의 작용 방식도 바뀐다. 예를 들면, Cdc2 단백질에 사이클린을 붙여서 활성 CDK를 만드는 것과 똑같이, 다른 효소들을 활성화할 수 있다. CDK 같은 단백질 인산화효소는 많은 다양한 단백질을 동시에 빠르게 인산화할 수 있기 때문에,

세포에서 스위치로 종종 쓰인다. 세포 주기에서 일어나는 일이 바로 그것이다. 세포 주기의 초반인 S기에서 DNA가 복제되고 세포 주기의 후반인 유사 분열 때에 복제된 염색체가 분리되는 등의 과정에는 여러 가지 효소들이 조화를 이루어 행동해야 한다. CDK는 이런 아주 많은 다양한 단백질들을 한꺼번에 인산화함으로써, 복잡한 세포 과정을 통제할 수 있다. 따라서 단백질 인산화를 이해하는 것은 세포 주기 제어를 이해하는 열쇠이다.

이 모든 것을 밝혀내고 cdc2가 세포 주기에 어떤 식으로 엄청난 영향을 미치는지를 진정으로 파악했을 때, 내가 얼마나 기뻤는지는 이루 말할 수 없다. 정말로 아주 드문 유레카의 순간이 찾아온 것처럼 느껴졌다. 우리 연구실의 연구 계획은 효모에서 세포 주기와 따라서 세포 번식을 제어하는 cdc2 같은 유전자를 찾아내는 것에서 시작해서 이 제어 방식이 효모에서 인간에 이르기까지 모든 진핵생물에게서 동일함을 보여주는 단계를 거쳐서, 마침내 그것이 작용하는 분자 메커니즘을 밝혀내는 것으로 나아갔다. 거기까지 나아가는 데에는 아주 오랜 시간이 걸렸다. 우리 연구실에서 10여 명의 연구자들이 약 15년에 걸쳐서 해냈다. 그리고 과학에서 대개 그렇듯이, 우리가 거둔 성과도 불가사리, 성게, 초파리, 개구리, 생쥐, 이윽고 사람을 포함하여 다양한 생물들의 세포를 대상으로 세포 주기를 연구한 전 세계의 여러 연구실들에서 이룬 성과들을 토대로 했다.

궁극적으로 생명은 비교적 단순하면서 잘 이해된 화학적 인력과 척력의 법칙, 분자 결합의 형성과 파괴로부터 출현한다. 미세한 분자 수준에서 대규모로 작용하는 이런 기본 과정들이 특정한 방식으로 결합함으로써 헤엄칠 수 있는 세균, 암석에 붙어 자라는 지의류, 우리가 뜰에서 키우는 꽃, 팔랑거리는 나비, 그리고 이런 글을 쓰고 읽을 수 있는 우리를 만들어낸다.

세포, 따라서 생물이 경이로울 만치 복잡하지만 궁극적으로 이해할 수 있는 화학적, 물리적 기계라는 개념은 현재 널리 받아들여진 생명을 바라보는 관점이다. 오늘날 생물학자들은 이 깨달음을 토대로 경이로울 만치 복잡한 살아 있는 기계의 모든 구성 요소들을 특징짓고 목록을 작성하려는 시도를 하고 있다. 현재 우리는 강력한 기술들 덕분에 살아 있는 세포의 엄청난 복잡성을 깊이 연구할 수 있다. 우리는 특정한 세포나 세포 집단이 지닌 모든 DNA와 RNA 분자의 서열을 분석하고, 수많은 다양한 단백질들을 파악하고 양을 알아낼 수 있다. 또 세포에 들어 있는 모든 지방, 당, 기타 분자들을 상세히 묘사할 수 있다. 이런 기술들은 우리 감각의 범위를 엄청나게 확장함으로써, 보이지 않으면서 끊임없이 변화하고 있는 세포의 성분들을 새롭고 매우 포괄적으로 파악할 시야를 제공한다.

세포를 이렇게 새로운 시각에서 보게 됨에 따라서 새로운 도전과제들도 생겨난다. 시드니 브레너는 이렇게 말한 바 있다. "우리는 데이터에 익사하지만, 지식에 갈증을 느낀다." 그는 종합했을 때 무엇을 의미하는지를 제대로 이해하지 못한 채, 생명 화학의 세세한 사항들을 기록하고 기술하는 일에 많은 시간을 쏟아붓고 있는 생물학자들이 너무나 많다고 우려했다. 이 모든 데이터를 유용한 지식으로 전환하는 데에 핵심이 되는 것은 생물이 정보를 어떻게 처리하는지를 이해하는 것이다.

그것이 바로 생물학의 다섯 번째 원대한 개념이다. 다음 장에서 살펴보기로 하자.

5

정보로서의 생명

전체로서 기능하기

오래 전 어린 시절에 보았던 노란 나비는 왜 우리 집 뜰로 날아온 것일까? 배가 고파서? 알을 낳을 곳을 찾아서? 새에게 쫓겨서? 아니면 그저 주변 세계를 탐사하려는 어떤 내면의 충동에 이끌려서였을까? 물론 나는 나비가 왜 그런 행동을 했는지 알지 못하지만, 내가 말할 수 있는 것은 나비가 세계와 상호작용을 하고 있었고 그에 따라 행동을 취하고 있었다는 것이다. 그리고 그렇게 하려면 나비는 정보를 관리해야 했다.

정보는 나비 존재의 핵심에 있으며, 사실 모든 생명의 핵심에 놓여 있다. 생물이 복잡하고 조직된 계(界)로서 효과적으로 행동하려면, 자신이 사는 바깥 세계와 자기 내면의 상태에 관한 정보를 끊임없이 모으고 활용해야 한다. 이런 세계—바깥이든 내면이든 간에—가 변할 때, 생물은 그 변화를 검출하고 반응할 방법을 갖추어야 한다. 그렇지 못하다면, 그들의 미래는 조금 짧을 수도 있다.

이 말이 나비에 어떻게 적용될까? 나비가 날고 있을 때,

나비의 감각은 우리 집 뜰의 상세한 지도를 작성하고 있었다. 눈은 빛을 검출하고, 더듬이는 가까이 있는 다양한 화학 물질들의 분자를 표본 조사하고, 털은 공기의 진동을 감시하고 있었다. 전체적으로 볼 때, 나비는 내가 앉아 있던 뜰에 관한 많은 **정보**를 모으고 있었다. 그런 다음 이 모든 다양한 정보들을 종합했다. 행동의 토대로 삼을 수 있는 유용한 지식으로 바꾸기 위함이었다. 그 지식은 새나 호기심 많은 아이의 그림자를 감지하거나 꽃의 꿀 냄새를 알아차리는 것일 수도 있었다. 그런 뒤에 나비는 새를 피하거나 꿀을 빨기 위해서 꽃에 앉도록 하는 질서 있는 날개 움직임이라는 결과를 도출했다. 나비는 다양한 원천에서 나온 정보들을 종합하고 있었고, 그 정보들을 이용해서 미래에 의미 있는 결과를 낳을 결정을 내리고 있었다.

정보에 의존한다는 점은 생물이 목적을 가지고 행동하는 방식과 밀접한 관련이 있다. 나비가 모으고 있었던 정보는 무엇인가를 **의미했다**. 그것은 나비가 어떤 특정한 목적을 달성하기 위해서 다음에 무엇을 할지를 결정하는 데에 도움을 주고 있었다. 즉 나비가 **목적**을 가지고 행동하고 있다는 의미였다.

생물학은 목적에 관해서 이야기하는 것이 때로는 수긍이 갈 수 있는 과학 분야이다. 대조적으로 물리학에서는 강이나 혜성이나 중력파의 목적을 묻지 않을 것이다. 그러나 효모의 cdc2 유전자나 나비의 비행의 목적을 묻는 것은 이해할 수 있다. 모든 생물은 스스로를 유지하고 조직하며, 성장하고, 번식한다. 이런 것들은 생명이 자신과 자손을 존속시킨다는 근본적인 목적을 달성할 기회를 높여주기 때문에, 진화한 목적 행동들이다.

목적 행동은 생명을 정의하는 특징들 가운데 하나이지만, 살아 있는 계가 전체로서 작동할 때에만 가능하다. 생물의 이 독특한 특징을 가장 먼저 이해한 사람들 중에는 19세기 초의 철학자 이마누엘 칸트도 있었다. 그는 『판단력 비판(*Kritik der Urteilskraft*)』이라는 책에서 생물의 신체 부위가 전체를 위해서 존재하며, 전체는 부위를 위해서 존재한다고 주장했다. 그는 생물이 자신의 운명을 주관하는 조직되고 통합적이고 자기-조절적인 실체라고 했다.

이 말을 세포 수준에서 생각해보자. 세포에서는 수많은 화학 반응과 물리적 활동이 일어난다. 이런 온갖 과정들이 혼란스럽게 일어나거나 서로 직접 경쟁한다면, 상황은

곧 엉망진창이 될 것이다. 세포는 오로지 정보를 관리함으로써만 자기 활동에 극도로 복잡한 질서를 부여할 수 있고 따라서 생존하고 번식한다는 궁극적인 목적을 달성할 수 있다.

이 같은 방식이 어떻게 작동하는지를 이해하려면, 세포가 전체로서 행동하는 화학적 및 물리적 기계라는 점을 떠올려보자. 우리는 개별 구성 요소들을 연구하여 세포의 많은 것을 이해할 수 있지만, 세포가 제대로 기능하려면 살아 있는 세포 내에서 작동하는 많은 다양한 화학 반응들이 서로 소통하고 긴밀하게 협력해야 한다. 환경이나 내부 상태가 변할 때—세포에서 당이 떨어지거나 세포가 유독물질을 접하거나—에 세포는 그런 소통과 협력을 통해서 그 변화를 감지하고 자신의 행동을 그에 맞추어 수정할 수 있다. 그럼으로써 세포는 전체 체계의 기능을 가능한 한 최적의 상태로 유지한다. 나비가 세계에 관한 정보를 모으고 그 지식을 이용해서 자신의 행동을 수정하듯이, 세포는 자기 안팎의 화학적 및 물리적 환경을 끊임없이 평가하고, 그 정보를 이용해서 자신의 상태를 조절한다.

세포가 정보를 이용해서 자신을 조절한다는 것이 어떤 의미인지를 더 잘 이해하려면, 먼저 더 직접적으로 인간이 설계한 기계에서 그것이 어떻게 성취될지를 생각해 보는 편이 도움이 될 수 있다. 네덜란드의 박식가 크리스티안 하위헌스가 맷돌에 쓰려고 처음 개발했지만, 1788년 스코틀랜드의 기술자이자 과학자인 제임스 와트가 증기기관에 응용하여 대성공을 거둔 원심 조속기(centrifugal governor)를 생각해보자. 이 장치를 장착한 증기기관은 계속 빨라지다가 이윽고 고장이 나는 대신에 일정한 속도로 작동할 수 있었다. 이 장치는 중심축과 그 주위를 회전하는 두 개의 강철 공으로 이루어진다. 회전력은 증기기관에서 나온다. 증기기관이 점점 빨라질수록, 원심력도 더 커져서 공은 점점 더 바깥으로 밀리면서 위쪽으로 올라간다. 그 결과 밸브가 열리면서, 피스톤의 증기가 배출된다. 그러면 증기기관의 속도가 느려진다. 속도가 느려지면 중력에 의해서 강철 공이 아래로 내려오면서 밸브를 닫는다. 그러면 증기기관은 다시 빨라지면서 이윽고 원하는 속도에 다다른다.

와트의 조속기는 정보의 관점에서 볼 때, 가장 잘 이해할 수 있다. 공의 위치는 엔진의 속도에 관한 정보의 판독기 역할을 한다. 그 속도가 원하는 수준을 넘어서면, 스위치—증기 밸브—가 켜져서 속도가 줄어든다. 기계가 인간 조작자의 입력을 전혀 받을 필요 없이, 스스로를 조절하는 데에 쓰는 일종의 정보 처리 장치이다. 와트는 목적을 가진 듯이 행동하는 단순한 기계 장치를 만든 것이다. 그 장치의 목적은 증기기관의 작동 속도를 일정하게 유지하는 것이며, 그 목적을 영리하게 달성했다.

살아 있는 세포도 개념상 비슷한 방식으로 작동하는 시스템을 다방면으로 쓰고 있다. 비록 훨씬 더 복잡하고 조정 가능한 메커니즘을 통해서 이루어지기는 하지만 말이다. 그런 메커니즘은 항상성(homeostasis)을 달성하는 효율적인 방법을 제공한다. 항상성은 생존에 도움이 되는 조건을 유지하는 능동적인 과정이다. 우리 몸이 일정한 체온, 혈액의 양과 혈당을 유지하는 것도 항상성을 통해서이다.

정보 처리는 생명의 모든 측면에 배어 있다. 정보라는 관점에서 볼 때, 가장 잘 이해가 되는 두 가지 복잡한 세포의 구성 요소와 과정을 예로 들어서 이 점을 설명해보자.

첫 번째는 DNA와 그 분자 구조가 유전을 설명하는 방식이다. DNA에 관한 중요한 사실은 각 유전자가 DNA의 네 문자를 이용해서 한 줄로 죽 적은 정보라는 것이다. 선형 서열은 정보를 저장하고 전달하는 친숙하면서 매우 효과적인 방식이다. 우리가 지금 여기에서 읽고 있는 단어와 문장에도 쓰이고 있을 뿐만 아니라, 우리의 책상에 놓인 컴퓨터와 주머니에 있는 휴대전화의 코드를 작성하는 프로그래머가 사용하는 것이기도 하다.

이런 다양한 코드는 모두 **디지털**로 정보를 저장한다. 여기에서 디지털이란 몇 개 되지 않는 숫자들의 다양한 조합 속에 정보를 저장한다는 뜻이다. 영어는 알파벳이 26개이므로 기본적으로 26진수를 쓴다. 컴퓨터와 휴대전화는 "1"과 "0"로만 된 2진수를 쓴다. DNA는 염기 4가지로 된 4진수를 쓴다. 디지털 코드의 한 가지 큰 이점은 한 코딩 체계를 다른 코딩 체계로 쉽게 번역할 수 있다는 것이다. 세포가 DNA 코드를 RNA 코드로 전사하고 이어서 단백질로 번역할 때에 하는 일이 바로 그것이다. 이렇게 해서 세포는 인간이 만든 그 어떤 시스템도 아직 따라올 수 없는 매끄러우면서 유연한 방식으로 유전 정보를 물리적 행동으로 전환한다. 그리고 컴퓨터 시스템은 정보를 저장하려면 다양한 물리적 매체에 그 정보를 "적어야" 하는 반면, DNA 분자는 "그 자체"가 정보이다. 따라서 더 압축된 데이터 저장 방식이다. 과학기술자들은 이 점을 인식하고서 더 안정적이고 공간 효율적인 방식으로 정보를 저장하기 위해서 DNA 분자에 정보를 기록할 방법을 개발하고 있다.

DNA의 다른 중요한 기능인 아주 정확하게 스스로를 복제하는 능력도 분자 구조의 직접적인 결과이다. 정보의 관점에서 생각하면, 염기쌍 사이(A와 T, G와 C)의 분자 인력은 DNA 분자에 담긴 정보를 아주 정확하고 신뢰할 수 있게 복제할 방법을 제공한다. 이 내재된 복제 가능성이야말로 DNA에 담긴 정보가 왜 그렇게 안정적인지를 설명한다. 일부 유전자 서열은 엄청난 세월에 걸쳐서 단절되지 않고 되풀이되면서 이어진 세포 분열을 통해서 존속해 왔다. 예를 들면 다양한 세포 성분을 만드는 데에 필요한 리보솜의 유전 암호 중에는 세균, 고세균, 균류, 식물, 동물을 가릴 것 없이 모든 생물에서 거의 동일하다는 것을 알아볼 수 있을 만한 부분이 많다. 이는 유전자들의 핵심 정보가 아마도 30억 년 동안 보존되어왔으리라는 뜻이다.

이것은 이중 나선 구조가 왜 그토록 중요한지를 설명한다. 크릭과 왓슨은 그 구조를 밝혀냄으로써, 생명에 필요한 정보가 어떻게 대물림되는지를 살펴보는 유전학자의 "하향식(top down)" 개념적 이해와 세포가 분자 수준에서 어떻게 구성되고 작동하는지를 알아보는 "상향식(bottom up)" 기계론적 이해를 잇는 다리를 놓았다. 생명의 화학이 정보의 관점에서 볼 때에만 비로소 이해가 되는 이유가 바로 그 때문이다.

정보가 생명을 이해하는 열쇠임을 말해주는 두 번째 사례는 유전자 조절이다. 세포가 화학 반응들의 집합을 이용해서 유전자를 "켜고 끄는" 양상을 말한다. 유전자 조절은 세포가 유전 정보 집합 전체에서 어느 한 시점에 실제로 필요한 특정 부분만 쓸 수 있는 방법을 제공한다. 무정형의 배아가 형태를 온전히 갖춘 사람으로 발달하는 과정은 유전자 조절이 대단히 중요하다는 점을 잘 보여준다. 우리의 콩팥, 피부, 뇌에 있는 세포들은 모두 동일하게 2만2,000개의 유전자를 가지고 있지만, 유전자 조절은 콩팥을 만드는 데에 필요한 유전자가 배아의 콩팥 세포에서 "켜지고", 피부나 뇌를 만드는 데에 쓰이는 유전자들은 "꺼진다"는 의미이다. 피부 세포나 뇌 세포에서는 그 반대가 된다. 궁극적으로 각 신체 기관에 있는 세포들은 사용하는 유전자 조합이 다르기 때문에 서로 다르다. 사실 우리의 유전자 집합 전체 중에서 몸에 있는 온갖 다양한 세포들이 생존에 필요한 기본 활동을 위해서 켜서 사용하는 것은 약 4,000개, 즉 5분의 1에 불과하다고 여겨진다. 나머지는 몇몇 유형의 세포들에만 필요한 특수한 기능을 수행하거나 특정 시기에만 필요하기 때문에, 드물게 쓰인다.

또한 유전자 조절은 동일한 유전자 집합을 이용해서 생물을 생애의 단계마다 모습이 전혀 다르도록 만들 수도 있다. 정교하면서 복잡한 모습의 멧노랑나비는 처음에는 조금은 밋밋한 녹색 애벌레였다. 한 형태에서 다른 형태로의 극적인 탈바꿈은 동일한 유전체에 저장된 동일한 정보 집합 중에서 서로 다른 부분을 다른 식으로 사용해서 이루어진다. 유전자 조절은 생물의 성장과 발달에 중요할 뿐 아니라, 모든 세포가 생존을 위해서 자신의 활동과 구조를 조정하고 환경이 바뀔 때에 적응하는 주된 방법들 가운데 하나이기도 하다. 예를 들면, 세균은 새로운 당의 원천을 접하면, 곧 그 당의 소화에 필요한 유전자를 켤 것이다. 다시 말해서, 세균은 생존과 번식의 기회를 높이는 데에 필요한 유전 정보를 자동적으로 선택하는 자기 조절 시스템을 갖추고 있다.

생화학자들은 이런 다양한 유전자 조절을 해내는 데에 필요한 기본 메커니즘 중 상당수를 파악했다. 특정 유전자를 끄는 "억제 인자"나 켜는 "활성 인자"의 역할을 하는 단백질들도 있다. 이런 단백질들은 조절을 할 유전자의 가까이 있는 특정한 DNA 서열을 찾아서 결합하는 식으로 작동한다. 그러면 그 옆의 유전자에서 전령 RNA가 생산되는 양이 늘어나거나 줄어들고, 그에 따라서 리보솜에서 만들어지는 단백질의 양도 늘어나거나 줄어든다.

이 모든 일이 화학적 수준에서 어떻게 일어나는지를 아는 것도 중요하지만, 우리는 유전자가 **어떻게** 조절되는지뿐만 아니라 **어느** 유전자가 조절되는지도 이해하고 싶다. 켜져 있는지 아니면 꺼져 있는지, 그리고 그 **이유**는 무엇인지를 말이다. 이런 의문들에 대한 답을 얻으면 우리의 이해는 새로운 수준에 다다를 수 있다. 균일한 인간의 수정란의 유전체에 들어 있던 정보가 어떻게 아기의 몸에 있는 수백 종류의 세포를 만들라고 지시할 수 있는지를 더 자세히 알아내는 일을 다시금 시작할 수 있다. 또 새로운 심장약이 어떻게 유전자를 켜고 꺼서 심근 세포의 행동을 바로잡을 수 있는지, 어떻게 하면 세균의 유전자를 재가공하여 새로운 항생제를 만들도록 할지 등등도 알아낼 수 있다. 유전자 조절을 이런 식으로 보기 시작하면, 정보 처리에 토대를 둔 개념들이 생명이 어떻게 작동하는지를 이해하는 데에 핵심적인 역할을 한다는 사실이 명확해진다.

이것은 1965년에 노벨상을 받은 자크 모노와 동료인 프랑수아 자코브의 연구로부터 출현한 강력한 사고방식이다. 그들은 자신들이 연구하던 대장균이 두 가지 당 중에서 하나만 있어도 살 수 있다는 것을 알았다. 각 당을 분해하려면 서로 다른 유전자들이 만드는 효소가 필요했다. 문제는 대장균이 이쪽 당을 먹다가 다른 쪽 당을 먹는 쪽으로 옮겨갈지를 어떤 식으로 결정하느냐였다.

두 과학자들은 이 특정한 유전자 조절의 토대에 놓인 논리를 밝혀낼 탁월한 일련의 유전학 실험을 고안했다. 그들은 대장균이 한쪽 당을 먹을 때에는 한 유전자 억제인자 단백질이 다른 당을 소화하는 데에 필요한 핵심 유전자의 스위치를 끈다는 것을 보여주었다. 그러나 다른 당을 이용할 수 있을 때에는 억제되었던 유전자를 재빨리 켬으로써 그 당을 소화할 수 있었다. 이 전환의 열쇠는 다른 당 그 자체이다. 그 당은 억제 인자 단백질에 결합하여 그 단백질이 제 역할을 하지 못하게 막는다. 그러면 억제되었던 유전자가 켜질 수 있다. 이는 목적 행동을 달성하는 경제적이면서 정확한 방식이다. 진화는 세균이 다른 에너지원이 있음을 감지하고, 그 정보를 활용해서 자신의 내부 화학을 적절히 수정하는 방법을 고안한 것이다.

가장 인상적인 점은 자코브와 모노가 이 과정에 관여하는 유전자와 단백질을 어느 누구도 직접 분리할 수 없었던 시대에 이 모든 일을 해냈다는 것이다. 그들은 정보의 프리즘을 통해서 세균을 바라봄으로써 문제를 해결했다. 즉 자신들이 연구하던 세포 과정의 토대에 놓인 화학 물질과 성분이라는 "볼트와 너트"를 하나하나 굳이 알 필요가 없었다는 뜻이다. 대신에 그들은 유전학에 토대를 둔 접근법을 활용했다. 그 과정에 관여하는 유전자에 돌연변이를 일으키고, 유전자를 유전자 발현을 제어하는 추상적 정보 성분으로 다루었다.

자코브는 『생명의 논리(*La Logique du vivant*)』, 모노는 『우연과 필연(*Le Hasard et la Nécessité*)』이라는 책을 썼다. 두 권 모두 내가 이 책에서 논의하고 있는 것과 비슷한 주제들을 다루었으며, 나에게 지대한 영향을 주었다. 나는 모노는 만난 적이 없지만, 자코브는 여러 번 만났다. 마지막 만남은 그가 파리에서 점심을 먹자고 나를 초대했을 때였다. 그는 자신의 삶을 이야기하고 이런저런 생각을 논의하고 싶어했다. 생명을 정의할 방법, 진화의 철학적 의미, 생물학의 역사에서 프랑스 과학자와 영국 과학자가 대조적인 기여를 했다는 사실 같은 것들이었다. 옛

전쟁 당시 입은 부상의 후유증으로 몸을 계속 떨었지만, 그는 놀라울 만치 해박하고 철학적이고 문학적이면서 정치적인 프랑스 지식인의 원형 같은 존재였다. 기억에 남을 멋진 만남이었다.

자코브와 모노는 정보가 유전자 서열에서 단백질을 거쳐 세포 기능으로 어떻게 흐르는지, 그리고 그 흐름이 어떻게 관리되는지를 막 이해하기 시작한 시기에 활동했다. 이 정보 중심적 접근법은 나의 생각도 이끌었다. 처음 연구자 생활을 시작했을 때, 나는 세포가 자신의 상태를 어떻게 해석하고 내부의 화학을 어떻게 조직하여 세포 주기를 조절하는지를 알고 싶었다. 세포 주기 동안에 어떤 일이 일어나는지를 단순히 기술하는 것이 아니라, 세포 주기를 무엇이 **제어하는지**를 이해하고 싶었다. 그것은 내가 세포 주기를 정보의 관점에서 생각하고, 세포를 화학적 기계로서만이 아니라 논리 및 계산 기계로 보는 관점으로 종종 돌아가고는 했다는 의미였다. 이는 자코브와 모노가 생각한 것으로, 정보를 처리하고 관리하는 능력에 세포의 생존과 미래가 달려 있다는 관점이었다.

최근 수십 년 사이에 생물학자들은 강력한 도구들을 이용해서 살아 있는 세포의 다양한 구성 요소들을 파악하고 수를 세는 일에 많은 노력을 기울여왔다. 예를 들면, 우리 연구실은 분열 효모의 유전체 전체의 서열을 해독하기 위해서 많은 노력을 기울였다. 우리는 바트 배럴과 함께 그 일을 했다. 바트는 1970년대에 최초로 실용적이고 신뢰할 수 있는 DNA 서열 분석법을 창안한 프레더릭 생어와 함께 연구했다. 나는 이 연구를 하던 시기에 프레더릭을 몇 번 만났다. 그때는 이미 공식적으로 은퇴한 상태였지만, 그는 말이 없고 온화한 사람이었으며, 장미를 키우는 것이 취미였다. 그리고 내가 오랜 세월에 걸쳐서 만난 많은 성공한 과학자들처럼, 그도 늘 아낌없이 시간을 내어 후배 과학자들과 이야기를 나누고 그들을 격려해주었다. 바트의 연구실에 올 때면 그는 길을 잘못 든 정원사처럼 보였다. 물론 노벨상을 2번이나 받은 정원사였다!

바트와 나는 유럽 전역의 연구실 10여 곳과 공동으로 분열 효모 유전체의 약 1,400만 개의 DNA 문자를 전부 읽는 연구를 주관했다. 약 100명의 연구자들이 3년 동안 달려든 끝에야 마칠 수 있었고, 나의 기억이 맞다면 분열 효모는 서열이 정확히 완전하게 해독된 세 번째 진핵생물이었다. 때는 2000년경이었는데, 지금은 같은 유전체의 서열을 연구자 2명이 하루 정도면 분석할 수 있다! 20년 사이에 DNA 서열 분석 기술이 그 정도로 발전한 것이다.

이런 데이터를 모으는 일은 중요하기는 하지만, 그 모든 유전체가 어떻게 협력하는지를 이해한다는 훨씬 더 중요하고 어려운 목표를 향한 첫 단계일 뿐이다. 이 목표에 비추어볼 때, 나는 대부분의 발전이 세포를 생명의 더 복잡한 특성을 이루기 위해서 협력하는 일련의 개별 모듈들로 이루어져 있다는 관점을 취할 때에 일어날 것이라고 생각한다. 나는 여기서 모듈이라는 단어를 특정한 정보처리 함수를 실행하는 단위로서 기능하는 구성 요소들의 집합이라는 의미로 사용한다.

이 정의에 따르면, 와트의 조속기는 "모듈"이다. 엔진의 속도를 제어한다는 명확한 목적을 지닌 모듈 말이다. 자코브와 모노가 발견한 세균의 당 이용을 제어하는 유전자 조절 시스템도 모듈이다. 정보의 관점에서 보면, 둘 다 비슷한 방식으로 작동한다. 음성 되먹임 고리(negative feedback loop)라는 정보 처리 모듈의 사례이다. 이런 유형의 모듈은 안정 상태를 유지하는 데에 쓰일 수 있고, 생물의 몸에서 매우 널리 쓰인다. 예를 들면, 설탕을 입힌 도넛 같은 달콤한 간식을 먹은 뒤에도 우리 몸속의 혈당을 비교적 일정한 수준으로 유지하는 일을 한다. 췌장의 세포는 혈액에 당이 지나치게 많아졌다는 것을 검출하고서 혈액으로 인슐린 호르몬을 분비하여 대응한다. 인슐린은 간, 근육, 지방 조직의 세포를 자극하여 혈액에서 당을 흡수하도록 한다. 그 결과 혈당이 낮아지고, 흡수한 당은 용해되지 않는 글리코겐이나 지방으로 전환되어 나중에 쓸 수 있도록 저장된다.

양성 되먹임 고리(positive feedback loop)에 속하는 모듈도 있다. 이런 모듈은 일단 켜지면 결코 꺼지지 않는 돌이킬 수 없는 스위치를 구성할 수 있다. 이런 식으로 작동하는 양성 되먹임 고리는 사과가 익는 방식을 제어한다. 익어가는 사과의 세포는 에틸렌이라는 기체를 분비하며, 에틸렌은 익는 과정을 촉진하는 동시에 에틸렌 생산도 더 촉진하는 역할을 한다. 그 결과 사과는 덜 익은 상태로 결코 돌아갈 수 없으며, 사과들은 주위에 있는 사과들이 더 빨리 익도록 서로 도울 수 있다.

서로 다른 모듈이 결합되면, 더욱 정교한 결과를 낳을 수 있다. 예를 들면, "켜짐"과 "꺼짐" 상태 사이를 오갈 수 있는 스위치나 "켜짐"과 "꺼짐"을 리드미컬하게 계속 오락가락하는 발진기를 만드는 메커니즘도 있다. 생물학자들은 유전자 활성 수준과 단백질 수준에서 작동하는 발진기도 찾아냈다. 이런 발진기는 낮과 밤을 구분하는 등 다양한 목적에 쓰인다. 식물의 잎에 있는 세포는 유전자와 단백질로 구성된 진동하는 망을 이용해서 시간의 경과를 측정하고, 이를 통해서 식물이 빛이 들기 직전에 광합성에 필요한 유전자들을 켜게 함으로써, 새로운 하루를 대비할 수 있도록 한다. 또 세포들 사이의 의사소통을 통해서 펄스를 켜고 끄는 발진기도 있다. 지금 여러분의 가슴 속에서 뛰고 있는 심장이 한 예이다. 척수에서 째깍거리면서 일정한 속도로 걸을 수 있도록 다리 근육을 특정한 수축과 이완 패턴으로 활성화하는 진동하는 신경 회로도 그렇다. 이런 것들이 없다면, 이 모든 일을 의식적으로 생각하면서 해야 할 것이다.

생물의 다양한 모듈들은 서로 연결되어서 더욱 복잡한 행동을 일으킨다. 이를 휴대전화의 다양한 기능들이 작동하는 방식에 비유할 수도 있다. 각 기능들—통화를 하고, 인터넷에 접속하고, 사진을 찍고, 음악을 들려주고, 전자우편을 보내는 등의 능력—은 세포에서 작동하는 모듈이라고 생각할 수 있다. 휴대전화를 설계하는 기술자는 그 전화기가 필요한 모든 일을 할 수 있도록 이 모든 모듈들이 협력하도록 만들어야 한다. 이를 위해서 기술자는 다양한 모듈들 사이에 정보가 어떻게 흐르는지를 보여주는 논리 지도를 작성한다. 모듈 수준에서 새 전화기를 설계하는 일을 시작할 수 있기 때문에 기술자는 개별 부품들을 상세히 파악하는 일에 매몰되지 않은 채, 각 기능을 수행할 계획을 짤 수 있다. 이런 방법을 쓰면, 처음에는 각 트랜시스터, 축전기, 저항 등 각 모듈을 구성하는 엄청나게 많은 수의 갖가지 전자 부품들에는 그다지 신경을 쓸 필요가 없다.

같은 접근법을 적용하면, 세포를 이해하는 강력한 방법이 된다. 세포의 다양한 모듈들을 이해하고 세포가 그것들을 어떻게 연결하여 정보를 관리하는지를 알 수 있다면, 각 모듈이 어떻게 작동하는지를 분자 수준까지 시시콜콜 알아야 할 필요가 없다. 복잡한 요소들의 목록을 작성하는 것이 아니라, 의미를 포착하는 것을 주된 목표로 삼을 수 있게 된다. 예를 들면, 나는 이 책에 실린 모든 단어들과 그것들이 몇 번이나 쓰였는지를 담은 목록을 독자에게 제공할 수도 있었을 것이다. 그런 목록은 설명서 없이 부품 목록만 지니는 것과 비슷하다. 책의 내용이 얼마나 복잡할지 약간 감을 잡을 수는 있겠지만, 어떤 의미를 담고 있는지는 거의 알 수 없을 것이다. 의미를 파악하려면, 단어들을 올바른 순서로 읽어야 하고 문장, 문단, 장이라는 더 높은 층위에서 그런 단어들이 정보를 어떻게 전달하는지도 이해해야 한다. 이런 단어들은 협력하여 이야기를 들려주고, 근거를 대고, 개념들을 연결하고, 설명을 한다. 생물학자가 세포에 들어 있는 모든 유전자나 단백질, 지질의 목록을 작성하는 것도 마찬가지이다. 그것은 중요한 출발점이지만, 우리가 진정으로 원하는 것은 그런 부분들이 어떻게 협력하여 세포를 살고 번식하게 할 모듈을 만드는지를 이해하는 것이다.

내가 방금 예로 든 휴대전화처럼 전자제품과 컴퓨터에서 이끌어낸 비유를 적용하면 세포와 생물을 이해하는 데에 도움이 되지만, 주의를 기울여야 한다. 생물이 사용하는 정보 처리 모듈과 인간이 만든 전자제품 회로에 쓰이는 모듈은 몇몇 측면에서 전혀 다르기 때문이다. 디지털 컴퓨터 하드웨어는 일반적으로 고정되어 있고 유연하지 않다. 그것이 바로 우리가 그것을 "하드웨어"라고 부르는 이유이다. 대조적으로 세포와 생물의 "배선"은 유동적이고 역동적이다. 이것은 세포에서, 즉 세포 내 구획들 사이 그리고 세포 사이에서 물을 통해서 확산될 수 있는 생화학 물질들에 토대를 두기 때문이다. 세포의 구성 요소들은 훨씬 더 자유롭게 재연결되고 옮겨지고 전용되면서, 시스템 전체를 사실상 "재배선할" 수 있다. 그러니 하드웨어와 소프트웨어라는 유용한 비유는 곧 들어맞지 않기 시작한다. 그것이 바로 시스템생물학자 데니스 브레이가 더 유연한 생명의 계산 물질에 "웨트웨어(wetware)"라는 통찰력이 엿보이는 이름을 붙인 이유이다. 세포는 젖은 화학이라는 매체를 통해서 다양한 구성 요소들 사이에 연결을 이룬다.

이 말은 계산 장치의 원형에 해당하는 고도로 복잡한 생물학적 컴퓨터인 뇌에도 들어맞는다. 신경 세포는 자라거나 줄어들고, 다른 신경 세포와 연결을 이루거나 연결이 끊기는 식으로 우리 평생에 걸쳐서 계속 변한다.

목적을 지닌 전체로서 행동하는 모든 복잡계는 계의 구성 요소들 사이에 그리고 계와 바깥 환경 사이에 효과적인 의사소통을 해야 한다. 생물학에서는 이 의사소통을 수행하는 모듈 집합을 신호 전달 경로(signalling pathway)라고 한다. 혈당을 조절하는 인슐린처럼 혈관으로 분비되는 호르몬은 신호 전달 경로의 한 예이지만, 다른 사례들도 많다. 신호 전달 경로는 세포 내, 세포 사이, 기관 사이, 생물 사이, 생물 집단 사이, 더 나아가 생태계의 다양한 생물들 사이에 정보를 전달한다.

많은 다양한 결과들을 달성하기 위해서, 신호 전달 경로가 정보를 전달하는 방식을 조정할 수도 있다. 전등 스위치처럼 단순히 어떤 출력을 켜거나 끄는 신호를 전달할 수도 있지만, 신호는 더 미묘한 방식으로 작동할 수도 있다. 예를 들면, 어떤 상황에서는 약한 신호가 한 출력을 켜고, 더 강한 신호는 두 번째 출력을 켠다. 바로 옆에 있는 사람의 주의를 끌려면 속삭이면 되지만, 비상 상황에서 방에 있는 모든 사람들을 대피시키려면 고함을 질러야 하는 것과 비슷하다. 또 세포는 신호 전달 경로의 역동적인 행동을 이용하여 훨씬 더 풍부한 정보 흐름을 전달할 수도 있다. 설령 신호 자체가 "켜짐" 또는 "꺼짐"만 가능하다고 해도, 이 두 상태의 지속 시간을 달리함으로써 더 많은 정보를 전달할 수 있다. 모스 부호가 딱 맞는 비유일 것이다. 신호 펄스의 지속 시간과 순서만을 변화시킴으로써, 모스 부호의 "점"과 "선"은 SOS 요청이든 다윈의 『종의 기원』 본문이든 간에, 의미로 가득한 정보 흐름을 전달할 수 있다. 이런 식으로 행동하는 생물학적 신호 전달 경로는 단순히 "예/아니오" 또는 "켜짐/꺼짐" 메시지를 전달하는 신호 서열보다 더 많은 의미를 지닌, 풍부한 정보를 지닌 신호를 생성할 수 있다.

세포는 공간적으로 신호를 전달할 뿐만 아니라, 시간적으로 신호를 전달할 방법도 필요하다. 그러려면 생물학적계는 정보를 저장할 수 있어야 한다. 이는 세포가 과거 경험의 화학적 각인을 지닐 수 있어야 한다는 의미이다. 그것을 뇌에 형성되는 기억과 약간 비슷한 방식으로 작동하는 무엇이라고 생각할 수 있다. 이런 세포 기억은 방금 일어났던 어떤 일의 일시적인 인상에서부터 DNA가 지닌 극도로 장기적이고 안정적인 기억에 이르기까지 범위가 넓다. 세포는 세포 주기 동안에 단기적인 역사 정보를 이용한다. 주기의 초기에 일어난 사건들의 상태가 “기억되었다가” 나중의 사건들에 신호로 전달되는 것이다. 예를 들면, DNA를 복제하는 과정이 아직 완결되지 않았거나 잘못된다면, 이 사실이 기록되었다가 세포 분열을 일으키는 메커니즘에 전달되어야 한다. 그렇지 않았다가는 유전체 전체가 제대로 복제되기 전에 세포가 분열할 수도 있다. 그러면 유전 정보를 잃고 세포가 죽을 수도 있다.

유전자 조절에 관여하는 과정들 덕분에 세포는 더 오랜 기간에 걸쳐서 정보를 저장할 수 있다. 20세기 중반 영국의 생물학자 콘래드 와딩턴은 이 문제에 특히 관심이 많았다. 나는 1974년 에든버러 대학교에서 박사후 연구원 생활을 시작했을 무렵에 와딩턴을 만났다. 그는 미술, 시, 좌파 정치 등에 폭넓게 관심을 가진 경이로운 인물이었으나, **후성유전학**(Epigenetics)이라는 단어를 만든 사람으로 가장 잘 알려져 있다. 그는 배아의 발생 때 세포들이 서서히 더 분화하여 저마다 다른 역할을 맡는 과정을 기술하기 위해서 이 용어를 썼다. 일단 자라는 배아가 세포들에 각자의 역할에 매진하라고 지시하면, 각 세포는 그 정보를 기억하고 경로를 바꾸는 일이 거의 없다. 어떤 세포가 일단 콩팥의 일부가 되는 쪽으로 매진하면, 영구적으로 콩팥의 일부로 남을 것이다.

오늘날 대다수의 생물학자들이 후성유전학이라는 단어를 쓰는 방식은 와딩턴의 개념에 토대를 둔다. 즉 세포가 꽤 항구적인 방식으로 유전자를 켜거나 끄는 데에 쓰는 화학 반응의 집합을 후성유전이라고 부른다. 이런 후성유전 과정은 유전자의 DNA 서열 자체를 바꾸는 것이 아니라, DNA나 그 DNA에 결합하는 단백질에 화학적 "꼬리표"를 붙이는 방식으로 이루어지고는 한다. 그럼으로써 한 세포의 수명 내내, 때로는 여러 세포 분열을 통해서 더욱 오래 지속될 수 있는 유전자 활성 패턴이 형성된다. 훨씬 덜 흔하지만, 때로는 한 세대에서 다음 세대로 넘어가도 지속될 수 있다. 즉 개별 생물의 생활사와 경험에 관한 정보가 부모로부터 자식에게로, 더 나아가 후손들에게로 화학적 형태로 직접 전달되는 것이다. 일부에서는 이런 유전자 발현 패턴이 세대 간에 지속되는 것이 유전자의 DNA 서열 전달만을 유전이라고 보는 개념에 크나큰 의문을 제기한다고 주장해왔다. 그러나 현재의 증거를 보면 세대 간 후성유전적 유전은 소수의 사례에서만 나타나며, 인간을 비롯한 포유류에서는 극히 드문 듯하다.

정보 처리는 유전자 조절 외에도 생물이 질서 있는 삼차원 구조를 만들어내는 방식에도 중요하다. 내가 보았던 멧노랑나비를 생각해보자. 그 나비는 절묘할 만치 복잡한 구성물이다. 날개의 모양은 날 수 있도록 섬세하게 다듬어져 있고, 날개에는 반점과 맥이 아주 정밀하게 배치되어 있다. 게다가 모든 나비 개체는 동일한 체제에 따라서 만들어진다. 예를 들면, 모두 머리, 가슴, 배, 다리 6개, 더듬이 2개를 가진다. 이런 구조들은 정해진 신체 비례에 따라서 예측 가능한 비율로 형성되고 성장한다. 이 모든 놀라운 공간적 구조가 어떻게 생성되는 것일까? 어떻게 이 모든 것이 하나의 균일한 수정란에서 출현할까?

세포조차도 17세기에 로버트 훅이 묘사한 상자 같은 규칙적인 코르크 세포와 내가 학창 시절에 양파 뿌리에서 관찰한 세포와 전혀 다른 고도로 정교한 다양한 구조와 모양을 취하는 것들이 많다. 폐 세포에는 빗살처럼 늘어선 털들이 있어서 끊임없이 빗질을 하면서 점액과 감염 물질을 폐 바깥으로 밀어낸다. 또 우리의 뼈 속에 살면서 뼈를 만드는 입체 형태의 세포도 있다. 가지를 치면서 온몸의 구석까지 길게 뻗은 신경 세포도 있다. 그밖에도 아주 많은 세포들이 있다. 그리고 이런 세포들 안에는 세포가 변할 때에 그에 맞추어서 자라면서 자신의 위치를 조정하여 정확히 제자리를 찾아갈 수 있는 세포 소기관들이 있다.

이 모든 공간적 질서가 어떻게 발달하는가는 생물학에서 더욱 어려운 질문에 속한다. 흡족한 답은 정보가 어떻게 공간적으로 시간적으로 전달되는지를 이해해야 나올 수 있을 것이다. 현재 우리가 실질적으로 구조를 완전히 이해한 생물학적 대상은 분자들을 조립하는 일을 맡은 것들뿐이다. 리보솜이 좋은 사례이다. 이 비교적 작은 대상들의 모양은 분자 성분들 사이에 형성되는 화학 결합을 통해서 결정된다. 우리는 이런 구조를 레고와 조금 비슷하게 삼차원 조각 퍼즐에 조각을 덧붙여서 만드는 것이라고 생각할 수 있다. 이런 구조를 조립하는 데에 필요한 정보가 리보솜 구성 요소 자체의 모양에 담겨 있다는 의미이다. 즉 단백질과 RNA에 담겨 있다. 그리고 그런 구성 요소들의 모양은 궁극적으로 유전자에 담긴 정보에 따라서 아주 정확하게 정해진다.

세포 소기관, 세포, 기관, 생물 전체처럼 더욱 규모가 큰 구조들이 어떻게 형성되는지는 이해하기가 더욱 어렵다. 구성 요소들 사이의 직접적인 분자 상호작용으로는 이런 구조가 어떻게 형성되는지를 설명하지 못한다. 어느 정도는 그것들이 리보솜 같은 대상보다 더, 때로는 훨씬 더 크기 때문이기도 하다. 또 그것들이 세포나 몸이 성장하거나 줄어들어서 크기가 변할 때에도 완벽한 구조를 만들고 유지할 수 있기 때문이기도 하다. 고정된 레고형 분자 상호작용으로는 그런 일은 불가능하다. 세포 분열을 예로 들어보자. 세포는 잘 짜인 전체적인 구조를 지니며, 세포가 분열할 때에 크기가 약 절반인 세포 두 개가 생기는데 그 작은 세포는 원래의 "모세포"와 전반적으로 동일한 구조를 지니고 있다.

성게 같은 생물의 배아 발생 때에도 비슷한 현상이 나

타난다. 성게 수정란은 세포 분열을 반복하면서 정교하고도 아름다운 작은 생물로 자란다. 만약 수정란이 첫 분열을 하여 생긴 두 개의 세포를 분리하면, 각 세포는 완벽한 모습을 갖춘 성게로 자랄 것이다. 그런데 놀랍게도 그렇게 자란 성게들은 같은 나이의 정상적인 성게보다 크기가 절반밖에 되지 않을 것이다. 크기와 형태의 이런 자기 조절은 놀라우며, 생물학자들에게 한 세기 넘게 수수께끼로 남아 있었다.

그러다가 정보의 관점에서 생각하게 되면서, 생물학자들은 이런 형태들이 어떻게 생겨나는지를 이해하기 시작했다. 발생하는 배아가 하나의 균일한 세포나 세포 집단을 고도의 패턴을 지닌 구조로 전환하는 데에 필요한 정보를 생성하는 한 가지 방법은 화학적 기울기를 만드는 것이다. 물그릇에 잉크 한 방울을 떨구면, 잉크는 떨군 지점으로부터 서서히 확산될 것이다. 떨군 지점으로부터 멀어질수록 잉크의 색깔은 더 흐릿해지면서 화학적 기울기가 생긴다. 바로 이 기울기를 정보의 원천으로 삼을 수 있다. 예를 들면, 어느 지점의 잉크 분자 농도가 높다면, 우리는 그 지점이 잉크를 떨군 그릇의 한가운데와 가깝다는 것을 알 수 있다.

이제 물그릇을 동일한 세포들의 덩어리로 바꾸고, 잉크 대신에 이 덩어리 한쪽에 세포의 특성을 바꿀 수 있는 단백질을 주사한다고 하자. 이것이 바로 패턴을 만드는 일을 시작할 수 있도록, 세포들에 공간 정보를 제공하는 방법이다. 단백질은 세포들을 통해서 확산될 것이고, 덩어리의 한쪽은 고농도이고 반대쪽 끝은 저농도인 기울기가 형성된다. 세포가 고농도와 저농도에 다르게 반응한다면, 단백질 기울기는 복잡한 배아를 구성하기 시작하는 데에 필요한 정보를 제공할 수 있다. 예를 들어, 높은 단백질 농도는 머리 세포, 중간 농도는 가슴 세포, 낮은 농도는 배 세포를 만든다면, 단순한 단백질 기울기는 원리상 새로운 멧노랑나비를 만드는 출발점이 될 수 있다. 실제로 생명은 대개 이렇게 단순하지 않지만, 발생하는 생물의 몸에서 신호 전달 분자의 기울기가 정말로 복잡한 생물학적 형태를 빚어내는 데에 기여한다는 증거는 상당하다.

앨런 튜링도 1950년대 초에 이 문제에 관심을 가졌다. 그는 에니그마(Enigma : 제2차 세계대전 때 독일군이 쓴 암호 체계/옮긴이)의 해독자로 유명하며, 현대 컴퓨터의 아버지 중 한 명이다. 그는 배아가 어떻게 자체적으로 공간 정보를 생성하는지에 대해서 상상력이 엿보이는 다른 설명을 제시했다. 그는 상호작용하는, 따라서 어떤 구조 내부에서 확산될 때에 특정한 화학 반응을 일으키는 화학 물질들의 행동을 예측하는 수학 방정식을 고안했다. 그가 반응 확산 모형(reaction-diffusion model)이라고 부른 이 방정식은 뜻밖에도 정교하고 때로는 아름다운 공간 패턴을 이루도록 화학 물질을 배치할 수 있었다. 예를 들면, 그의 방정식의 매개변수들을 조정하면 두 물질이 일정한 간격으로 배열된 점, 띠, 얼룩을 이루도록 만들 수 있었다. 튜링의 모형이 지닌 매력은 이런 패턴들이 두 물질의 비교적 단순한 화학적 상호작용 규칙에 따라서 자연적으로 발생한다는 것이다. 다시 말해서, 이 모형은 형태를 만드는 데에 필요한 정보를 발생하는 세포나 생물이 전적으로 내부로부터 생성하는 방법을 제시한다. 튜링은 자신의 이론적 개념을 실제 배아에서 검증해볼 수 있는 시대가 오기 전에 사망했지만, 현재 발생학자들은 이것이 치타의 등에 난 반점이나 많은 물고기들의 줄무늬를 만드는 메커니즘일 수 있다고 믿는다. 또 머리에 있는 털집의 분포, 심지어 발생하는 태아의 손에서 5개의 손가락이 만들어지는 과정도 이 모형으로 설명이 가능하다.

정보의 관점에서 생명을 볼 때는 생물학적 계가 수백만 년에 걸쳐서 서서히 진화했음을 염두에 두는 것이 중요하다. 앞에서 살펴보았듯이, 생명의 혁신은 무작위적인 유전자 돌연변이와 변이의 결과로서 출현한다. 그 뒤에 이것들은 자연선택을 통해서 걸러지며, 잘 작동하는 것들은 더 성공적으로 생존하는 생물의 일부가 된다. 이는 기존 계가 "추가되는 것들"이 서서히 누적되면서 점진적으로 변한다는 의미이다. 어느 면에서는 우리의 휴대전화나 컴퓨터와 비슷하다. 그런 기기들은 자주 새로운 소프트웨어 업데이트를 내려받고 설치해야 하기 때문이다. 기기는 새로운 기능을 얻지만, 그런 기능을 제공하는 소프트웨어는 꾸준히 더 복잡해진다. 생명도 비슷하다. 이렇게 유전적 "업데이트"가 계속된다는 말은 세포의 전체 시스템이 시간이 흐르면서 점점 더 복잡해지는 경향을 보일 것이라는 뜻이다. 그러면 여분이 생길 수 있다. 즉 일부 구성 요소들은 서로 기능이 겹칠 것이다. 대체된 요소의 잔재도 있을 것이고, 정상 기능에는 전적으로 불필요하지만 주된 구성 요소가 망가질 때면 이를 보완할 수 있는 것도 있을 것이다.

이 모든 것들은 살아 있는 계가 인간이 지적으로 설계

한 제어 회로보다 덜 효율적이고 덜 합리적으로 구축될 때가 많다는 의미이다. 그것이 바로 생물학과 컴퓨터 사이의 유추에 한계가 있는 또 하나의 이유이기도 하다. 시드니 브레너도 그 점을 간파했다. "수학은 완벽의 예술이다. 물리학은 최적의 예술이다. 생물학은 진화 때문에 만족의 예술이다." 자연선택에서 살아남는 생명체는 반드시 가장 효율적이거나 가장 수월한 방식으로 일을 하기 때문이 아니라, 그저 **작동하기** 때문에 존속한다. 이 모든 복잡성과 중복성 때문에 생물학적 신호 전달망과 정보의 흐름을 분석하기란 쉬운 일이 아니다. 오캄의 면도날(Occam's razor), 즉 어떤 현상을 충분히 설명할 가장 단순한 이론을 찾으라는 개념을 아예 적용할 수 없을 때가 너무나 많다. 이 때문에 생물학으로 관심을 돌리는 물리학자들은 혼란을 느낄 수도 있다. 물리학자는 우아하면서 단순한 해법에 끌리는 경향이 있으며, 살아 있는 계의 뒤죽박죽이고 완벽하지 못한 현실 앞에서 불편해질 수 있다.

우리 연구실은 종종 자연선택이 빚어낸 중복성과 복잡성을 붙들고 씨름해야 했다. 그것들이 생물학적 과정이 작동하는 핵심 원리를 가릴 수 있기 때문이다. 이 문제에 대처하기 위해서, 우리는 유전공학 기법을 이용해서 훨씬 단순한 세포 제어 회로를 지닌 효모 세포를 만들었다. 자동차에서 차체, 전등, 좌석처럼 핵심 기능에 필수적이지 않은 부품들을 전부 떼어내고 엔진, 변속기, 바퀴 등 핵심 부품만 남긴 것과 비슷했다. 그러자 내가 기대한 것 이상의 결과가 나왔다. 이 단순화한 세포는 세포 주기 제어의 주요 측면들을 여전히 수행할 수 있었다. 이렇게 복잡한 메커니즘에서 기본 요소만 남기자, 정보의 흐름을 분석하기가 더 쉬워졌고, 따라서 세포 주기 제어 체계에 관한 새로운 깨달음을 얻을 수 있었다.

이 실험을 통해서 드러난 필수적인 세포 주기 조절 인자 중 하나는 cdc2 유전자였다. 효모 세포가 세포 주기를 거칠 때, 세포 자체는 꾸준히 성장하고 Cdc2와 사이클린으로 이루어진 CDK 단백질 복합체도 늘어난다. 정보의 관점에서 볼 때, 세포는 활성 CDK 복합체의 양을 세포의 크기에 관한 정보를 반영하는 입력이자, 세포 주기의 주요 사건을 촉발하는 중요한 신호로 삼는다. 세포 주기의 초기에 필요한 단백질들은 CDK 복합체를 통해서 일찍 인산화가 이루어지며, 그 결과 S기에 DNA의 복제가 이루어진다. 더 나중에 필요한 단백질들은 더 나중에 인산화가 이루어져서 세포 주기의 말기에 유사 분열과 세포 분열을 일으킨다. "초기" 단백질이 "말기" 단백질보다 CDK 효소 활성에 더 민감하므로, 세포에 CDK 활성이 더 약할 때에도 인산화가 일어날 것이다.

이 단순한 세포 주기 제어 모형은 CDK 활성을 세포 주기 제어의 중요한 중심축이라고 보았다. 망의 피상적인 복잡성, 다양한 성분들의 중복 기능, 덜 중요한 제어 메커니즘들, 게다가 단순성보다 복잡성을 받아들이려는 인간의 심리적 경향까지 작용하여 우리의 시야를 가리는 바람에 미처 간파하지 못했던 바로 그 설명이었다.

이 장에서는 세포에 주로 초점을 맞추었다. 세포가 생명의 기본 단위이기 때문이다. 그러나 생명을 정보라고 보는 관점에 함축된 의미는 세포 너머로까지 확장된다. 분자 상호작용, 효소 활성, 물리적 메커니즘이 어떻게 정보를 생산하고 전달하고 수신하고 저장하고 처리하는지를 이해할 방법을 찾아낼 때에 생물학의 모든 분야는 진정으로 강력한 새로운 깨달음을 얻을 가능성이 있다. 이 접근법이 더 우세해질 때, 생물학은 과거에 대체로 속해 있던 조금은 상식적이고 친숙한 세계를 벗어나서 더 추상적인 세계로 옮겨갈 가능성도 있다. 이는 물리학이 20세기 전반기에 아이작 뉴턴의 본질적으로 상식적인 세계에서 상대성이 지배하는 알베르트 아인슈타인의 우주로 옮겨갔다가, 더 나아가 베르너 하이젠베르크와 에르빈 슈뢰딩거가 밝혀낸 "기이한" 양자 세계로 대이동한 것에 맞먹을 수도 있다. 생물학의 복잡성이 낯설면서 직관적이지 않은 설명으로 이어질 수도 있겠지만, 그 방면으로 연구하려면 생물학자는 수학자, 컴퓨터과학자, 물리학자 등 다른 분야의 과학자들의 도움을 더 많이 받아야 할 것이다. 나아가 세계의 일상적인 경험에 관심을 덜 가지고 추상적으로 사고하는 데에 더 익숙한 철학자의 도움도 필요해질 것이다.

정보를 중심으로 한 생명관은 생물학적 조직화의 더 높은 수준을 이해하는 데에도 도움을 줄 것이다. 세포가 서로 어떻게 상호작용을 하여 조직을 만드는지, 조직이 어떻게 기관을 만드는지, 기관이 어떻게 협력하여 인간 같은 온전한 기능을 하는 생물을 만드는지를 이해하는 데에 기여할 수 있다. 또 이 말은 종 내에서 그리고 종 사이에서 생물들이 어떻게 상호작용을 하고, 생태계와 생물권이 어떻게 돌아가는지를 살펴보는 것 같은 더욱 큰 규모에도 들어맞는다. 분자에서부터 지구 생물권에 이르기까지, 모든 규모에서 정보 관리가 이루어진다는 사실은 생명 과정들을 이해하려고 애쓰는 생물학자들에게 중요한 의미를 지닌다. 때로는 연구하는 현상의 수준에 가장 근접한 설명을 찾는 것이 최선이라는 뜻이다. 반드시 유전자와 단백질이라는 분자 수준까지 내려가야만 흡족한 설명이 되는 것은 아니다.

그러나 정보가 특정한 규모에서 관리되는 방식은 더 크거나 더 작은 계에서 어떤 일이 일어나는지도 알려줄 수 있다. 그만큼 양쪽 사이에는 공통점들이 있을 것이다. 예를 들면, 대사 효소를 제어하거나, 유전자를 조절하거나, 몸의 항상성을 유지하는 되먹임 모듈의 토대에 놓인 논리를 이용하면, 생태학자들은 기후 변화나 서식지 파괴로 특정한 종이 멸종하거나 기존 분포 범위 밖으로 밀려날 때, 자연 환경이 어떻게 변할 가능성이 높은지를 더욱 잘 예측할 수 있을 것이다.

딱정벌레와 나비, 더 나아가 곤충 전체에 관심이 있기 때문에, 나는 세계 여러 지역에서 곤충의 수와 다양성이 줄어들고 있다는 사실이 점점 걱정이 된다. 특히 심란한 것은 왜 이런 일이 일어나는지를 우리가 잘 모른다는 점이다. 서식지 파괴 때문일까, 아니면 기후 변화, 단작 농업, 인공 조명, 살충제 과다 살포, 또는 다른 무엇 때문일까? 많은 설명들이 나와 있고 자신의 이론이 옳다고 매우 확신하는 이들도 있지만, 무엇이 진실인지 사실상 우리는 알지 못한다. 곤충 집단의 회복에 도움이 될 무엇인가를 하려면, 곤충과 나머지 세계 사이의 상호작용을 이해해야 한다. 그러니 서로 다른 방면에서 일하는 과학자들이 정보의 관점에서 이런 문제들을 생각하고 협력한다면 큰 도움이 될 것이다.

생물학적 조직화의 어느 수준을 살펴보든 간에, 더욱 깊이 파악하려는 노력은 그 수준 내에서 정보가 어떻게 관리되는지를 이해하는 데에 중점을 두어야 할 것이다. 그것이 바로 복잡성을 **서술하는** 것에서 복잡성을 **이해하는** 것으로 나아가는 길이다. 그렇게 할 수 있다면, 우리는 팔랑거리는 나비, 당을 먹는 세균, 발생하는 배아를 비롯한 모든 생명체들이 정보를, 생존하고 성장하고 번식하고 진화한다는 자신의 목적을 충족시키는 데에 쓸 수 있는 의미 있는 지식으로 전환하는 중요한 도약을 어떻게 이루는지를 알아차리기 시작할 수 있다.

생명의 화학적, 정보적 토대를 더 깊이 이해할수록 생명을 이해하는 능력뿐 아니라, 생명 활동에 개입하는 능력도 늘어난다. 그래서 지금까지 5단계를 밟아오면서 얻은 깨달음을 이용해서 생명이 무엇인지를 정의하기 전에, 세계를 바꾸는 일에 생물학 지식을 어떻게 이용할 수 있는지를 살펴보고자 한다.

세계를 변화시키기

2012년 나는 스콧 기지에 있는 남극대륙 연구소를 방문할 예정이었다. 나는 남극권, 말 그대로 지구의 끝에 있는 그 얼어붙은 드넓은 사막에 늘 가보고 싶었는데, 마침내 기회가 온 것이다. 나는 가기 전에 으레 하는 건강 검진을 받았다. 그런데 결과가 너무 비정상으로 나왔다. 생애 처음으로 나는 죽음이 눈앞에 와 있음을 직시해야 했다.

심장에 심각한 문제가 있었다. 이 달갑지 않은 사실이 드러난 지 2주일이 지나기도 전에 나는 마취된 상태로 수술대에 누웠다. 외과의는 내 가슴을 열고서 심장 근육에 피를 제대로 공급하지 못하고 있는 손상된 혈관을 찾아냈다. 그리고 내 가슴에 있는 한 동맥에서 잘라낸 짧은 혈관 4개와 다리의 정맥에서 잘라낸 혈관을 이용해서 문제가 된 부위를 우회하여 심장까지 피가 흐를 통로를 만들었다. 몇 시간 뒤에 나는 마취에서 깨어났다. 몸은 지치고 상처가 났지만, 그래도 심장은 고쳐졌다.

그 수술은 내 목숨을 구했다. 나를 치료한 의료진의 탁월한 솜씨와 배려 덕분임은 당연하지만, 수술의 성공은 전적으로 생명이 무엇인지를 우리가 이해하고 있었기 때문에 가능했다. 수술의 모든 단계는 인체와 그 안의 조직, 세포, 화학에 대한 지식의 인도를 받았다. 마취의는 자신이 투여한 약물이 되돌릴 수 있는 방식으로 내 뇌의 의식을 잃게 할 것이라고 확신했다. 내 심장에 주사된 용액은 몇 시간 동안 심장이 뛰지 못하게 완전히 틀어막았다. 그 용액에는 의사들이, 내 심근 세포의 화학을 바꾸어 딱 쉬게 만들 만큼의 농도라고 알고 있는 농도의 칼륨이 들어 있었다. 내 심장과 폐를 대신하는 기계는 피에 산소를 적절히 집어넣어서 적절한 속도로 순환시켰다. 수술을 받는 동안과 수술 이후에 나는 감염성 세균을 막는 항생제 주사를 맞았다. 생명에 관한 이 모든 축적된 지식이 없었다면, 지금 내가 이 글을 쓸 기회는 없었을 것이다.

생명을 더 이해하면 할수록, 우리는 생물을 조작하고 변화시킬 엄청난 새로운 힘을 획득해왔다. 그러나 우리는 이런 힘을 적절히 휘둘러야 한다. 살아 있는 계는 복잡하므로, 충분히 제대로 이해하지 못한 채 개입을 하다가는 잘못될 수 있고, 해결한 것보다 더 많은 문제들을 일으킬 수도 있다.

인류 역사 내내, 사람들은 대개 늙어서 삶을 마치는 것이 아니라, 감염병으로 목숨을 잃었다. 세균, 바이러스, 곰팡이, 선충을 비롯한 온갖 기생충과 해충의 공격으로 무수히 많은 사람들이 목숨을 잃었으며, 그중에는 어린 아이들도 많았다. 14세기에 전 세계를 휩쓴 가래톳페스트는 유럽 인구의 거의 절반을 없앴다. 인류 역사의 대부분에 걸쳐서 죽음은 일상생활에 늘 그늘을 드리우고 있었다.

지금은 그렇지 않다. 백신, 위생시설, 살균제 덕분에, 우리는 예전에는 치명적이었던 다양한 감염병을 예방하거나 치료하거나 억제할 도구를 가지고 있다. 한때 또다른 대역병이라고 불리기도 했던 에이즈도 지금은 적절히 치료를 받으면 안정적인 만성 질환 상태로 유지될 수 있다. 수천 년 동안 미신, 모호한 설명, 온갖 검증되지 않고 때로는 위험하기까지 한 요법들에 주로 의지하다가 비로소 이루어진 이런 전환은 진정으로 기적에 가깝다. 이 모두가 과학이 발견한 뒤에 현실에 응용된 생명에 관한 지식에 토대를 두고 있다.

그러나 고대로부터 내려온 감염병이라는 재앙에 맞서려면 아직 갈 길이 멀다. 이 글을 쓰고 있는 2020년 봄 현재, 코로나바이러스가 전 세계로 퍼지면서 팬데믹(세계적

대유행)을 일으키고 있다. 코비드-19(COVID-19)라는 이 코로나바이러스가 일으킨 질병처럼, 많은 바이러스 감염병은 우리를 앓아눕게 하거나 심지어 목숨을 위협할 수 있다. 그리고 비록 2014-2015년 서아프리카를 강타한 에볼라 대발생은 인상적일 만치 신속하게 효과적인 백신이 개발되도록 자극했지만, 그런 백신은 필요한 사람들이 제때 접종을 받을 수 있을 때에만 도움이 된다. 부유한 나라든 가난한 나라든 간에, 검증된 치료제를 제대로 접할 수 없는 사람들이 아직도 너무나 많다. 또 일부 선진국의 정치인들이 과학자와 전문가의 조언을 무시하고 이런 유행병과 세계적 대유행병에 대처할 수단을 약화시켰다는 사실도 놀랍다. 이런 외면은 이미 끔찍한 결과로 이어지고 있다. 이런 상황을 바로잡는 것이야말로 인류의 시급한 과제가 되어야 한다.

매우 운이 좋게도 양호한 보건 의료를 제공하는 사회에서 살고 있는 나 같은 사람들은 자신이 누리고 있는 보호 수단을 소중히 여겨야 한다. 내가 영국의 국민의료보험제도를 통해서 심장 수술 같은 의료 서비스를 환자의 지불 능력과 상관없이 일단 무료로 받을 수 있다는 것은 문명 사회임을 말해주는 증표이다. "현금 지급" 원칙을 고

수하는 보건 의료 체계는 빈곤층을 차별하며, 위험 기반의 보험 체계는 보험이 가장 필요한 이들을 차별한다. 충분한 증거도 없이 백신의 안전성과 효과를 의도적으로 비판하는 이들도 있다. 그들은 검증되고 임상적으로 승인된 백신을 거부하는 것이 윤리적인 문제임을 명심해야 한다. 백신을 거부함으로써 그들은 자기 자신과 가족뿐 아니라, 집단 면역을 붕괴시켜서 감염병이 더 쉽게 전파되도록 해서 주변의 많은 이들의 안전도 위협한다.

그러나 감염병과의 싸움에서 우리는 결코 완승을 거둘 수 없다. 자연선택을 통한 진화 때문이다. 대부분의 세균과 바이러스는 아주 빨리 번식할 수 있기 때문에, 유전자도 빠르게 적응할 수 있다. 이는 언제라도 새로운 질병 균주가 출현할 수 있다는 뜻이며, 그런 병원체들은 우리의 면역계와 약물을 피하거나 속일 독창적인 방법들을 끊임없이 진화시킨다. 그것이 바로 항생제 내성 증가가 그렇게 큰 위협이 되는 이유이다. 자연선택이 우리의 눈앞에서 작용하면서 우려되는 결과를 빚어내고 있다. 세균을 실질적으로 완전히 없애지 못한 채 어설프게 항생제에 노출시키면, 세균은 그 약물에 내성을 갖추는 쪽으로 진화할 가능성이 더 높아진다. 그것이 바로 항생제를 올바른

용량으로—그리고 진정으로 필요할 때에만—투여하고, 처방받은 약을 끝까지 먹는 것이 중요한 이유이다. 그렇게 하지 않았다가는 자신의 건강뿐 아니라, 타인들의 건강도 위험에 빠뜨릴 수 있다. 마찬가지로 위험한 것, 아니 더욱 위험한 것은 동물의 성장을 촉진하기 위해서 그런 약물을 소량으로 사료에 섞어 먹이는 사육 방식이다.

오늘날에는 우리가 할 수 있는 모든 개입 조치에 저항할 수 있는 세균 균주가 출현하고 있다. 그런 균주가 일으키는 병은 치료가 불가능해지고 있다. 이런 내성 세균은 의학을 과거 상태로 되돌려서 수백만 명의 목숨을 위험에 빠뜨릴 수 있다. 장미 가시에 긁히거나, 개에게 물리거나, 심지어 병원에 들른 것 때문에 치료 불가능한 감염에 걸려서 자신이나 가족이 쓰러질 수도 있는 세상을 상상해보라. 그러나 이런 위협 앞에 숙명론자가 되어서는 안 된다. 문제를 파악하는 것은 문제 해결을 향한 중요한 첫 걸음이다. 우리는 항생제를 더욱 신중하게 쓸 수 있고 그렇게 해야 한다. 또 약물 내성 감염을 검출하고 추적할 더 나은 방법을 고안할 수 있다. 그리고 강력한 새로운 항생제도 개발해야 하며, 그런 연구를 하는 이들을 충분히 지원해야 한다. 이런 문제들을 풀어나가려면 생명에 관한 모든 지식을 활용해야 한다. 거기에 우리의 미래가 달려 있을 수도 있기 때문이다.

보건 의료 체계가 개선되고 감염병의 위협이 점점 줄어들면서, 인간의 평균 기대 수명도 꾸준히 증가해왔다. 그러나 수명이 늘어나면서 사람들은 심장병, 당뇨병, 다양한 정신 질환, 암 등 감염병이 아닌 온갖 질병에 시달리게 되었다. 근본 원인은 나이와 건강하지 못한 생활습관에 있다. 그런 질병들은 전 세계적으로 증가 추세에 있고, 환자뿐 아니라 그런 질병들을 이해하고 치료하기를 바라는 과학자들에게 크나큰 문제를 안겨준다.

암을 생각해보자. 사실 암은 단일한 병이 아니라, 여러 질병을 가리키는 말이다. 모든 암은 서로 다르며 생긴 암도 시간이 흐르면서 변화하므로, 진행된 암은 저마다 다른 유전자 돌연변이를 지닌 다양한 유형의 암 세포를 가진 자체 생태계와 조금 비슷해질 때가 많다. 즉 자연선택을 통한 진화의 산물이 된다. 암은 통제가 되지 않는 방식으로 분열과 성장을 일으키는 새로운 유전적 변화와 돌연변이가 세포에 생길 때에 시작된다. 암은 선택적 이점이 있기 때문에 잘 자란다. 몸의 자원을 독점하면서, 돌연변이가 없는 주변 세포들보다 더 잘 자라고, 몸의 "멈춤"

표지판을 무시할 수 있다.

가장 전망이 엿보이는 새로운 암 치료법 중에는 더욱 깊어진 생명에 대한 이해를 토대로 해서 나온 것들도 있다. 예를 들면, 암 면역 요법은 암 세포를 인식하여 공격하도록 몸의 면역계를 교육하고자 한다. 면역계는 주변의 건강한 세포는 놔두고 극도로 정확하게 암 세포만을 공격할 수 있기 때문에, 대단히 탁월한 접근법이다. 또 우리 연구진이 하등한 효모의 세포 주기를 연구해서 얻은 결과로부터 출발한 새로운 치료법들도 있다. 현재 CDK 세포 주기 제어 단백질의 인간판에 결합하여 그것을 불활성화하는 약물은 유방암에 걸린 많은 여성 환자들의 치료에 쓰이고 있다. 40년 전에 나는 효모 세포 연구가 이렇게 새로운 암 치료법으로 이어질 것이라는 생각은 전혀 하지 못했다. 암은 세포의 적응하고 진화하는 능력의 피치 못할 결과물이므로, 우리는 결코 암을 박멸하지 못할 것이다. 그러나 생명을 더 잘 이해하게 될수록, 우리는 암을 점점 더 일찍 발견하고 더 효과적으로 치료할 수 있게 될 것이다. 나는 암이 지금처럼 두려움을 일으키지 않는 날이 올 것이라고 확신한다.

암을 비롯한 비감염성 질병들을 치료하는 일을 촉진하

고 싶다면, 우리 유전자의 정보 해독이 중요한 새로운 길을 열어줄 수 있다. 2003년 인간 유전체의 DNA 서열을 처음 발표할 당시, 연구진은 예방 의학의 새로운 미래가 열릴 것이라고 내다보았다. 많은 관련자들은 탄생의 순간에 개개인의 유전적 위험 인자를 정확히 예측할 수 있는 세상이 올 것이라고 했다. 그런 위험이 생활습관, 식단과 어떻게 상호작용을 할지도 예측할 수 있을 것이라고 했다. 그러나 이 목적은 과학적으로도, 윤리적으로도 실현시키기가 무척 어렵다.

그 이유는 어느 정도는 생명의 심오한 복잡성 때문이다. 사람의 형질 중에서 멘델이 뜰에서 연구한 명확히 딱 갈리는 완두 형질처럼 행동하는 것은 거의 없다. 물론 헌팅턴병, 낭성섬유증, 혈우병 등 한 유전자의 결함으로 생기는 질병은 그런 형질과 비슷하게 행동한다. 이런 질병들은 모두 아주 많은 고통을 안겨주지만, 각각의 질병을 앓는 이들은 비교적 많지 않다. 반면에 심장병, 암, 알츠하이머병 등 가장 흔한 질병과 장애는 더 많은 여러 요인들을 통해서 촉발된다. 유전자들끼리 그리고 우리가 사는 환경과 복합적이고 예측할 수 없는 방식으로 작동하고 상호작용하는 여러 유전자들의 영향이 결합되어서 생긴다. 우리는 본성과 양육을 얽는 원인과 결과의 복잡한 사슬을 풀기 시작했지만, 모든 발전은 어렵사리 그리고 느리게 이루어진다.

바로 여기에서 정보로서의 생명에 대한 이해가 전면에 등장한다. 현재 연구자들은 극도로 많은 데이터를 모으고 있다. 유전자 서열 자료도 있고, 수백만 명에게서 모은 생활습관 정보와 의료 기록도 있다. 그러나 이런 대규모의 데이터를 이해하는 일은 쉽지 않다. 유전자와 환경 사이의 상호작용이 너무 복잡하기 때문에, 그것을 연구하는 이들은 머신 러닝 같은 새로운 접근법을 비롯하여 현재 이용 가능한 기술들을 극한까지 밀어붙이고 있다.

그렇기는 해도 이런저런 유용한 깨달음이 나오고 있다. 지금은 유전자 프로파일링(genetic profiling)을 이용해서 심장병에 걸리거나 비만이 될 위험이 높은 사람들을 파악하는 것이 가능하다. 그런 정보는 생활습관이나 약물 치료에 관한 개인별 맞춤 조언을 제공하는 데에 유용할 수 있다. 이런 발전은 바람직하지만, 우리 유전체를 토대로 정확한 예측을 하는 능력이 향상될수록, 우리는 그 지식을 어떻게 사용하는 것이 최선인지를 더욱 깊이 생각해야 한다.

어떤 유전자 돌연변이들은 특정한 질병에 걸릴지 여부를 정확하게 알려줄 수 있다. 그 점은 개인 건강 보험 중심의 의료 체계를 택한 나라에 특히 어려운 문제를 제기한다. 유전 정보의 활용 방식을 엄격하게 통제하지 않는다면, 개인은 보험도 가입되지 않고 치료도 거부되거나, 잘못한 것이 전혀 없음에도 감당하지 못할 높은 보험 할증료를 지불하게 될 수도 있다. 태어날 때부터 무료로 그런 의료 서비스를 제공하는 국민 의료제도에서는 그런 문제가 전혀 없다. 유전적 성향을 통해서 질병을 더 쉽게 예측하고 진단하고 치료할 수 있을 것이기 때문이다. 이런 지식을 안고 살아가기가 반드시 쉽지는 않을 것이라는 말을 종종 듣는다. 유전학이 자신이 언제, 어디에서 죽을 가능성이 가장 높은지를 꽤 정확히 예측할 수 있는 수준까지 발전한다면, 과연 알고 싶어질까?

그리고 연구자들은 일반 지능과 교육 수준 등 비의학적인 요인들에 영향을 미치는 유전적 요소도 분석하고 있다. 개체, 성, 집단 사이의 유전적 차이에 관해서 더 많이 알게 될수록, 우리는 이런 지식이 결코 차별의 토대로 활용되지 않도록 해야 한다.

유전체를 읽는 능력의 발전에 발맞추어서 유전체를 편

집하고 고쳐 쓰는 능력도 발전하고 있다. 크리스퍼-캐스9(CRISPR-Cas9)라는 효소는 분자 가위처럼 작용하는 강력한 도구이다. 과학자들은 이 도구를 써서 DNA의 아주 정확한 위치를 잘라서, 유전자 서열을 더하거나 빼거나 바꿀 수 있다. 이를 유전자 편집 또는 유전체 편집이라고 한다. 생물학자들은 1980년경부터 효모 같은 단순한 생물을 대상으로 그런 일을 할 수 있었다. 그것이 내가 분열 효모를 연구한 이유 중의 하나이다. 그러나 크리스퍼-캐스9는 DNA 서열을 편집할 수 있는 속도, 정확성, 효율을 대폭 향상시켰다. 또 인간을 비롯하여 훨씬 더 많은 종의 유전자를 훨씬 더 쉽게 편집할 수 있도록 해준다.

머지않아 유전자 편집된 세포를 토대로 하는 새로운 치료법이 나올 것이라고 예상할 수 있다. 연구자들은 이미 HIV 같은 감염에 저항하는 세포를 만들거나, 암을 공격하는 세포를 만들고 있다. 그러나 초기 단계에 있는 인간 배아의 DNA를 편집하려는 시도는 현재로서는 극도로 무모한 짓이다. 그랬다가는 개인이 지니고 태어날 모든 세포에 유전적 변화가 일어날 것이고, 그에 따라서 아이의 미래가 바뀔 수도 있기 때문이다. 현재로서는 유전자 기반 요법이 자칫하다가는 유전체에 있는 다른 유전자들도 바꿀 위험이 있다. 설령 원하는 유전자만 편집된다고 하더라도, 그런 유전적 변화는 예측하기 어렵고 때로는 위험할 수도 있는 부작용을 일으킬 수 있다. 우리는 아직 유전체를 확실히 안다고 할 수 있을 만큼 이해하지는 못한 상태이다. 이런 요법이 헌팅턴병이나 낭성섬유증 같은 유전병으로부터 인간을 해방시켜줄 정도로 안전해질 날이 언젠가는 올 것이다. 그러나 그런 요법을 지능이나 외모, 운동 능력이 향상된 아기를 만드는 것 같은 덜 긴요한 용도로 쓴다는 것은 전혀 다른 문제이다. 이 분야는 현재 생물학을 인간에게 적용하는 문제를 둘러싸고 가장 첨예한 윤리 논쟁이 벌어지는 곳이다. 그러나 현재는 유전자 편집을 이용해서 맞춤 아기를 만드는 문제가 가장 열띤 논쟁거리라고 할지라도, 부모가 될 이들은 앞으로 몇 년, 더 나아가 수십 년 동안 더욱 어려운 현안들을 심사숙고해야 할 것이다. 과학자들이 유전적 영향을 예측하고, 유전자를 바꾸고, 인간의 배아와 세포를 조작하는 더욱 강력한 능력을 개발할 것이기 때문이다. 이런 모든 현안들은 사회 전체가 논의해야 하며, 지금 당장 논의할 필요가 있다.

생명의 반대쪽 끝에서는 세포학의 발전과 발달로 퇴행

성 질환을 치료할 길이 열리고 있다. 몸에서 초기 배아에 들어 있는 것과 비슷하게 미성숙 상태를 유지하고 있는 세포인 줄기 세포를 예로 들어보자. 줄기 세포의 핵심 특성은 더 분화하여 개별적인 특성을 지니게 될 새로운 세포를 계속 만들 수 있다는 것이다. 자라는 태아나 아기는 새로운 세포가 끊임없이 필요하기 때문에 줄기 세포를 아주 많이 가지고 있다. 그러나 줄기 세포는 성장이 멈춘 지 오래된 성인의 몸 곳곳에도 계속 남아 있다. 몸에서는 매일 수백만 개의 세포가 죽거나 떨어져 나간다. 피부, 근육, 창자 내벽, 눈의 홍채 가장자리 등 몸의 여러 조직들에 줄기 세포 집단이 있는 이유가 그 때문이다.

최근에 과학자들은 줄기 세포를 분리하여 배양한 뒤, 신경 세포, 간 세포, 근육 세포 등 특정한 유형의 세포로 발달시키는 방법을 알아냈다. 또 지금은 환자의 피부에서 성숙한 세포를 떼어내어 발달 시계를 거꾸로 돌려 줄기 세포 상태로 되돌리는 것도 가능하다. 따라서 언젠가는 뺨 안쪽을 면봉으로 긁어서 얻은 세포로 몸의 거의 모든 세포를 만드는 것이 가능할지도 모른다는 전망은 매우 흥분을 불러일으킨다. 과학자와 의사가 이 기술을 완전히 터득할 수 있고, 안전성을 확립할 수 있다면, 퇴행성 질환과 부상의 치료와 장기 이식 수술에 혁신을 일으킬 수 있다. 파킨슨병이나 근위축증 같은 현재는 치료가 불가능한 신경계와 근육의 증상들을 되돌리는 것도 가능할지도 모른다.

이런 발전에 힘입어서 노화를 멈추거나 더 나아가 역전시키는 일도 가능할 것이라는 대담한 예측까지 나오고 있다. 특히 실리콘밸리에 있는 많은 기업들이 이런 예측을 내놓고 있다. 이런 주장을 할 때에는 현실에 토대를 두는 것이 매우 중요하다. 개인적으로 나는 내 삶이 다할 때, 소생하여 다시 젊어진 몸으로 영원히 살게 될 것이라는 매우 있을 법하지 않은 미래를 내다보면서 뇌나 몸을 냉동 보관하는 쪽을 택하지 않으련다. 노화는 몸의 세포와 기관으로 이루어진 체계의 손상, 죽음, 예정된 활동 정지가 결합되어 나온 최종 산물이다. 꽤 건강한 사람도 나이가 들수록 피부는 탄력을 잃고, 근육은 늘어지고, 면역계는 반응이 약해지고, 심장이 뛰는 힘도 서서히 약해진다. 이 모든 변화의 원인은 하나가 아니며, 따라서 단번에 해결할 수 있을 가능성은 아주 낮다. 그러나 앞으로 수십 년 동안 기대수명이 꾸준히 증가할 것이고—바로 이 점이 중요한데—노년의 삶의 질도 개선되리라는 것은 거의 확실하다. 우리는 영원히 살지는 못하겠지만, 줄기 세포와 새로운 약물과 유전자 기반 요법을 조합한 더욱 다듬어진 치료뿐 아니라 건강한 생활습관의 혜택까지 누려서 늙고 병든 몸의 많은 부위를 회복시키고 재생할 수 있게 될 것이다.

우리는 생물학적 지식을 응용하여 망가진 몸을 수선하는 능력을 혁신시켜왔을 뿐만 아니라, 전 인류의 번성도 가져왔다. 대략 기원전 1만 년에 우리 조상들이 경작을 시작하면서 세계 인구는 급증했다. 당시에는 이런 식으로 생각하지 않았지만, 이 같은 인구 급증은 우리 인류 조상이 동물과 식물을 길들이기 위해서 인위선택의 원리를 적용함으로써 이루어졌다. 그 보상으로 훨씬 더 많이 더 신뢰할 수 있게 식량이 공급되었다.

선사시대의 인구 급증과 비교할 때, 세계 인구는 나의 생애 동안에 더욱 극적으로 증가해왔다. 내가 태어난 1949년 이래로 거의 3배 증가했다. 하루에 먹여야 할 입이 거의 50억 개 늘어났다는 뜻인데, 그 늘어난 식량을 제공하는 농경지의 면적은 거의 늘어나지 않았다. 1950-1960년대에 시작된 녹색 혁명 덕분에 그런 일이 가능해졌다. 녹색 혁명은 주식인 곡물의 새로운 품종 개발에다가 관개, 비료, 해충 방제가 결합됨으로써 일어났다. 인류 역사 내내 농업에 종사했던 재배자들과 달리, 녹색 혁명을 일으킨 과학자들은 유전학, 생화학, 식물학, 진화의 모든 지식을 끌어모아서 새로운 식물 품종을 만들 수 있었다. 녹색 혁명은 놀라운 성공을 거두었고, 수확율이 훨씬 더 높은 새로운 작물을 만들어냈다. 그러나 이런 증가가 아무런 대가 없이 이루어진 것은 아니었다. 오늘날의 집약 농법은 땅, 농민의 생계, 작물과 환경을 공유하는 다른 종들에게 해를 끼친다. 우리가 매일 소비하는 음식의 양도 해결해야 할 문제이다. 그러나 지난 세기에 생물학적 지식이 농업에 적용되지 않았다면, 해마다 훨씬 더 많은 사람들이 굶어죽었을 것이다.

전 세계 인구는 오늘날에도 계속 증가하고 있다. 그래서 인류의 활동이 생물 세계에 일으키는 피해를 우려하는 목소리가 점점 커지고 있다. 우리는 땅에서 더 많은 식량을 생산하면서 환경에 끼치는 영향을 줄이려고 애쓰는 모순된 과제에 직면해 있다. 나는 우리가 지난 세기의 농업 혁명을 추진한 방법을 넘어서서 더욱 효율적이고 창의적인 식량 생산 방법을 고안해야 할 필요가 있다고 본다.

그러나 유감스럽게도 1990년대 이래로 강화된 특성을

지닌 유전자 변형(GM) 작물과 가축 품종을 개발하려는 시도는 종종 반대에 직면하고는 했다. 이런 반대는 과학적 증거 및 이해와 거의 무관했다. 나는 GM 식품의 안전성에 관한 논쟁이 오해, 로비, 잘못된 정보로 계속 잘못된 방향으로 흐르는 것을 지켜보았다. 황금벼(golden rice)의 사례를 생각해보라. 벼의 염색체에 유전공학적으로 세균의 유전자를 집어넣어서 비타민 A가 다량 함유된 낱알이 맺히는 벼이다. 전 세계에는 비타민 A 결핍증에 시달리는 취학 전 아동이 약 2억5,000만 명에 달하는 것으로 추정된다. 이 결핍증은 시력 상실과 사망의 중요한 원인이다. 황금벼는 그들에게 직접적으로 도움을 줄 수 있는 방법이지만, 환경 운동가들과 비정부 기구(NGO)는 황금벼의 안전성과 환경에 미치는 영향을 조사하려는 시험 재배지조차도 공격하여 파괴하고는 했다.

건강과 식량 안보에 도움이 될 수 있는 발명품을 세계에서 가장 가난한 이들이 접하지 못하게 막는 것이 과연 용납이 될까? 특히 그런 반대가 탄탄한 과학이 아니라 유행과 잘못된 정보에 기댄 견해에서 비롯된 것이라면? GM 방법으로 만들어진 식품에 본질적으로 위험하거나 유독한 것은 전혀 없다. 진정으로 중요한 것은 어떻게 만들어졌는지에 상관없이, **모든** 작물과 가축의 안전성, 효과, 환경과 경제에 미치는 영향을 동일한 기준으로 조사해야 한다는 것이다. 우리는 기업의 상업적 이익이나 NGO의 이념적 견해나 양쪽의 경제적 이해관계에 치우치지 않으면서, 과학이 위험과 혜택에 관해서 뭐라고 말하는지를 따져야 한다.

나는 앞으로 수십 년 안에 우리가 유전공학 기술을 더 많이 활용해야 할 것이라고 생각한다. **합성생물학**(synthetic biology)이라고 하는 비교적 새로운 과학 분야는 여기에서 어떤 역할을 할 수 있을 것이다. 합성생물학자는 유전공학 분야에서 전통적으로 이용해온 더 집중적이고 점진적인 접근법을 넘어서, 생물의 유전자 프로그래밍에 더 급진적인 변화를 일으키고자 한다.

여기에는 해결해야 할 기술적 과제들이 상당히 많고, 이런 신종을 어떻게 제어하고 받아들일지에 관한 문제들이 있지만, 잠재적인 보상은 상당할 수 있다. 생명의 화학이 사람들이 연구실이나 공장에서 수행할 수 있었던 대부분의 화학 공정들보다 훨씬 더 적응 가능하고 효율적이기 때문이다. GM과 합성생물학을 통해서 우리는 생명의 탁월한 화학을 강력한 새로운 방식으로 재편하고 전용할 수 있을 것이다. 합성생물학은 영양소 함량이 높은 작물과 가축을 만들 수도 있겠지만, 그보다 훨씬 더 폭넓게 적용될 수 있을 것이다. 전혀 새로운 종류의 약물, 연료, 섬유, 건축 재료를 생산하는 식물, 동물, 미생물을 만들 수 있을 것이다.

새로 만든 생물학적 계들은 기후 변화에 대처하는 데에도 도움을 줄 수 있을지 모른다. 과학자들은 지구 온난화가 가속되는 단계에 접어들었다는 데에 분명히 동의한다. 지구 온난화는 우리의 미래와 우리가 속한 생물권에 엄청난 위협이다. 따라서 우리가 배출하는 온실가스의 양을 줄이고 온난화의 범위를 줄이는 것이 점점 더 시급한 과제가 되고 있다. 지금보다 더 효율적으로 광합성을 수행할 수 있도록, 또는 살아 있는 세포 바깥에서 산업적 규모로 그렇게 하도록 식물을 가공할 수 있다면, 탄소 중립적인 생물 연료와 산업 원료를 만드는 것이 가능할 수도 있을 것이다. 또 과학자들은 이전에는 경작을 할 수 없었던 황폐해진 토양이나 가뭄에 시달리는 지역 등 극한 환경에서 번성할 수 있는 새로운 작물 품종을 만들어낼 수도 있을 것이다. 그런 식물은 세계를 먹여 살리는 데만이 아니라, 이산화탄소를 흡수 저장하여 기후 변화를 관리하는 데에도 도움을 줄 수 있을 것이다. 또 지속 가능한 방식으로 운영될 살아 있는 공장의 토대가 될 수도 있을 것이다. 화석 연료에 의지하는 대신에, 폐기물, 부산물, 햇빛을 더 효율적으로 먹어치우는 생물학적 계를 만드는 것도 가능할지 모른다.

이렇게 유전공학적 생명체를 개발하는 한편으로, 자연적으로 진화한 광합성 생물로 뒤덮인 지표면의 총면적을 늘리는 것도 또다른 목표가 되어야 한다. 언뜻 보이는 것처럼 수월한 제안은 아니다. 의미 있는 수준으로 영향을 미치려면 대규모로 실행해야 하며, 일단 식물이 죽거나 수확한 뒤에는 어떻게 장기적으로 탄소를 저장할지도 고려해야 한다. 숲을 더 늘리고, 바다에서 단세포 조류와 바닷말을 기르고, 이탄 늪을 조성하는 것이 포함될 수도 있다. 그러나 어떤 개입이든 간에 충분히 효과적이고 빠르게 작동하도록 만들려면, 생태학적 동역학에 관한 우리의 이해를 한계까지 밀어붙여야 할 것이다. 곤충의 수가 세계 곳곳에서 계속 줄어들고 있는데, 우리는 대체로 그 이유를 설명하지 못하고 있다. 우리의 미래는 곤충 종과 얽혀 있다. 곤충은 우리 작물 종의 상당수를 수정시키고, 흙을 만드는 등 많은 일을 하기 때문이다.

이 모든 응용 분야들에서 발전이 이루어지려면 생명과 그것이 어떻게 작동하는지를 더 잘 이해해야 한다. 모든 분야의 생물학자들—분자생물학자와 세포학자, 유전학자, 식물학자, 동물학자, 생태학자 등—은 인류 문명이 생물권의 다른 존재들을 희생시키는 대신에 그들과 함께 번성할 수 있도록 서로 힘을 모아야 한다. 이런 일에 성공을 거두려면, 우리는 자신의 무지의 규모를 직시할 필요가 있다. 생명이 어떻게 작동하는지를 이해하는 일에서 엄청난 발전을 이루기는 했지만, 우리는 여전히 일부만 파악했을 뿐이며, 매우 단편적인 수준인 분야도 있다. 살아 있는 체계에 건설적으로—그리고 안전하게—개입하여 더욱 대담한 실질적인 목표를 이루고 싶다면, 여전히 배워야 할 것들이 많다.

새로운 응용 분야를 발전시키려는 노력은 생명이 어떻게 작동하는지를 더 많이 알아내려는 노력과 반드시 함께 진행되어야 한다. 노벨상을 수상한 화학자 조지 포터는 이렇게 말했다. "기초과학을 굶주리게 함으로써 응용과학을 먹이는 것은 토대에 들어갈 돈을 아껴서 건물을 더 높이 올리는 것과 같다. 건물 전체가 무너지는 것은 시간문제일 뿐이다." 그러나 같은 맥락에서 보면, 어느 쪽으로

든 가능할 때마다 유익한 방향으로 응용해야 한다는 것을 거부하는 과학자도 무책임하다고 볼 수 있다. 그 지식을 공익을 위해서 이용할 기회가 보일 때면, 우리는 기회를 잡아야 한다.

그러나 그렇게 할 때에도 새로운 의문들과 또다른 문제들이 생겨난다. "공익"이 무엇을 뜻하는지 어떻게 하면 의견을 일치시킬 수 있을까? 새로운 암 치료법이 엄청나게 비싸다면, 누구는 받을 수 있고 누구는 받지 못해야 할까? 충분한 증거 없이 백신을 거부하자고 주장하거나 항생제를 오용하는 행위를 범죄로 기소해야 할까? 그들이 자신의 유전자에 강하게 영향을 받는다면, 그 범죄 행동에 처벌을 가하는 것이 타당할까? 생식 계통 유전자 편집이 그 집안에 유전되는 헌팅턴병을 없앨 수 있다면, 그들이 그 기술을 자유롭게 사용하도록 해야 할까? 성인의 복제를 허용할 수 있을까? 기후 변화에 대처하는 방안이 수십억 마리의 유전공학적 조류를 바다에 풀어놓는 것이라면, 허용해야 할까?

이것들은 생명에 대한 이해가 깊어질수록 반드시 짚어보아야 하는 점점 시급하면서 때로는 몹시 개인적인 질문들 가운데 일부에 불과하다. 받아들일 수 있는 답을 찾는 방법은 오직 부단하면서 솔직하고 공개적인 논쟁을 통하는 것뿐이다. 과학자들은 이런 논의에서 특별한 역할을 맡는다. 나아가는 각 단계의 혜택과 위험을 명확히 설명하는 것이 과학자이기 때문이다. 그러나 논의를 주도하는 것은 사회 전체여야 한다. 정치 지도자들은 이런 현안에 전폭적으로 참여해야 한다. 그런데 그들 가운데 오늘날 과학과 기술이 우리의 삶과 경제에 미치는 엄청난 영향에 충분한 주의를 기울이는 사람은 거의 없다.

그러나 정치보다 과학이 더 먼저이다. 그 순서가 바뀌면, 일이 얼마나 끔찍하게 잘못될 수 있는지를 세계는 너무 자주 보아왔다. 냉전 시대에 소련은 핵폭탄을 만들고 최초로 인간을 우주로 보낼 수 있었다. 그러나 유전학과 작물 품종 개량 분야는 몹시 피해를 입었다. 이념적인 이유로 스탈린이 멘델 유전학을 거부한 돌팔이 리센코를 지지한 탓이었다. 그 결과 많은 사람들이 굶어죽었다. 더 최근 들어서 우리는 기후 변화를 부정하는 이들 때문에 적절한 조치를 취하는 일이 늦어지는 것을 목격하고 있다. 그들은 과학 지식을 무시하거나 적극적으로 부정한다. 공익에 관한 논쟁은 이념, 근거 없는 믿음, 탐욕, 정치적 극단주의가 아니라 지식, 증거, 합리적 사고를 토대로 이루어져야 한다.

그러나 실수하지 말자. 과학 자체의 가치는 논쟁을 위한 것이 아니다. 세계는 과학과 과학이 제공할 수 있는 발전이 필요하다. 자의식을 지니고 창의적이고 호기심에 이끌리는 인간으로서, 우리만이 생명에 대한 이해를 토대로 세계를 바꿀 기회를 가지고 있다. 삶을 더 낫게 만들 수 있는 것은 우리가 무슨 일을 하느냐에 달려 있다. 우리는 가족과 지역 공동체뿐 아니라, 모든 미래 세대와 우리가 속한 생태계를 위해서 일해야 한다. 우리 주위의 살아 있는 세계는 우리 인간에게 끝없는 경이로움을 줄 뿐 아니라, 우리의 존재 자체를 지탱한다.

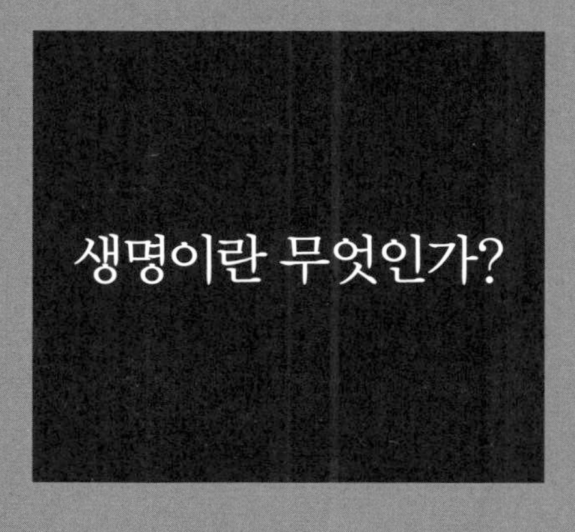
생명이란 무엇인가?

이것은 원대한 질문이다. 내가 학교에서 얻은 답은 미시즈 그렌(MRS GREN)이라고 불리고는 하는 것인데, 생물이 운동(Movement), 호흡(Respiration), 감각(Sensitivity), 성장(Growth), 번식(Reproduction), 배설(Excretion), 영양(Nutrition)이라는 특징을 드러낸다는 것이다. 이 답은 생물이 어떤 **일을 하는지**를 탁월하게 요약하고 있지만, 생명이 **무엇인지**를 흡족하게 설명해주지는 않는다. 나는 다른 접근법을 취하고 싶다. 생물학의 원대한 개념 5가지를 이해하기 위해서 딛고 올라온 단계들을 토대로, 나는 생명을 정의하는 데에 이용할 수 있는 핵심 원리 집합을 유도할 것이다. 이 원리들은 생명이 어떻게 작동하는지, 어떻게 시작되는지, 그리고 지구의 모든 생물을 하나로 엮는 관계의 본질을 더 깊이 이해하는 데에 도움을 줄 것이다.

물론 이 질문에 대답하기 위해서 많은 시도들이 이루어졌다. 에르빈 슈뢰딩거는 1944년에 펴낸 선견지명이 담긴 책 『생명이란 무엇인가(*What is Life?*)』에서 유전과 정보를 강조한 바 있다. 그는 생명의 "코드 스크립트(code script)"가 있을 것이라고 제안했다. 현재 우리는 그것이 DNA에 적혀 있음을 안다. 그러나 그는 거의 생기론에 근접한 주장으로 책을 끝맺었다. 그는 생명이 어떻게 작동하는지를 진정으로 설명하려면, 아직 발견되지 않은 새로운 유형의 물리 법칙이 필요할지도 모른다고 주장했다.

몇 년 뒤에 급진적인 영국계 인도인 생물학자 J. B. S. 할데인도 『생명이란 무엇인가』라는 같은 제목의 책을 냈다. 책에서 그는 이렇게 선언했다. "나는 이 질문에 답하지 않을 것이다. 사실 제대로 답하는 것이 가능할지조차 의심스럽다." 그는 살아 있다는 느낌을 색각, 통증, 노력에 비교하면서 "우리는 그런 것들을 다른 무엇으로도 기술할 수가 없다"고 했다. 나는 할데인의 견해에 공감하지만, 왠지 그 말을 생각할 때면 미국 연방대법원의 포터 대법관이 1964년에 포르노그래피를 정의하면서 했던 말이 떠오른다. "보면 안다."

노벨상을 받은 유전학자 허먼 멀러는 그렇게 주저하지 않았다. 1966년 그는 생물을 "진화 능력을 지닌 것"이라고 "핵심만 남긴" 정의를 내렸다. 멀러는 자연선택을 통한 진화라는 다윈의 탁월한 개념이 생명이 무엇인가라는 질문을 생각할 때에 핵심이 된다는 것을 올바로 간파했다. 진화는 초자연적인 창조자를 동원하지 않고서도 다양하면서 체계를 갖추고 목적을 지닌 생명체를 생성할 수 있는 메커니즘—사실 우리가 아는 유일한 메커니즘—이다.

자연선택을 통해서 진화하는 능력은 내가 생명을 정의하기 위해서 이용할 첫 번째 원리이다. 자연선택을 다룬 장에서 말했듯이, 자연선택은 세 가지 핵심 특징에 의지한다. 생명은 진화하려면 번식을 해야 하고, 유전 체계를 지녀야 하며, 그 유전 체계는 다양성을 드러내야 한다. 이런 특징을 지닌 실체는 무엇이든 간에 진화할 수 있고 진화할 것이다.

내가 제시할 두 번째 원리는 생명체가 경계를 지닌 물리적 실체라는 것이다. 자신의 환경과 분리되어 있지만, 그 환경과 소통을 한다. 이 원리는 세포라는 개념으로부터 유도된다. 세포는 생명의 모든 특징을 뚜렷하게 지닌 가장 단순한 존재이다. 이 원리는 생명의 물질성을 말하고 있다. 따라서 컴퓨터 프로그램과 문화적 실체는 진화하는 것처럼 보일지라도 생명체라고 볼 수 없다.

세 번째 원리는 살아 있는 실체가 화학적, 물리적, 정보적 기계라는 것이다. 나름의 메커니즘을 구축하고, 그것을 이용해서 자신을 유지하고 성장하고 번식한다. 이런 살아 있는 기계는 정보 관리를 통해서 조정되고 제어된다. 그 결과 살아 있는 실체는 목적을 지닌 전체로서 작동한다.

이 세 가지 원리가 모여서 생명을 정의한다. 이 원리들에 따라 작동하는 모든 실체는 살아 있다고 할 수 있다.

살아 있는 기계가 어떻게 작동하는지를 온전히 이해하려면 생명의 토대를 이루는 색다른 유형의 화학을 더 상세히 파악해야 한다. 그 화학의 한 가지 핵심 특징은 커다란 중합체 분자들을 중심으로 구축되고, 그런 분자들은 주로 탄소 원자들이 연결되어 만들어진다는 것이다. DNA는 그중 하나이며, 그 핵심 목적은 고도로 신뢰할 수 있는 장기 정보 저장소 역할을 하는 것이다. 이를 위해서, DNA 나선은 중요한 정보를 지닌 성분—핵산 염기—을 나선의 안쪽에 배치하여, 안전하게 잘 보호하고 있다. 그래서 고대 DNA를 연구하는 과학자들은 아주 오래 전에 죽은 생물의 잔해로부터 DNA를 추출하여 서열을 분석할 수 있다. 거의 100만 년 전에 영구동토대에서 얼어붙은 말의 사체로부터도 DNA를 추출했다!

그러나 유전자의 DNA 서열에 저장된 정보는 계속 숨겨진 채 비활성 상태로 있을 수 없다. 활성 상태로 전환되어서 생명의 토대를 이루는 대사 활동과 물질 구조를 생성해야 한다. 화학적으로 안정적이고 조금 밋밋한 DNA에 담긴 정보는 화학적 활성 분자, 즉 단백질로 번역되어야 한다.

단백질도 탄소 기반의 중합체이지만, DNA와 달리 단백질의 화학적 다양성을 띠는 부위들은 대부분 그 분자의 바깥쪽에 있다. 이는 그런 부위들이 단백질의 삼차원 구조 및 세계와의 상호작용에 영향을 미친다는 의미이다. 바로 이 덕분에 단백질은 궁극적으로 그 화학적 기계를 만들고 유지하고 번식시키는 등의 여러 기능들을 수행할 수 있다. 그리고 DNA와 달리, 단백질이 손상되거나 파괴되면, 세포는 새 단백질 분자를 만들어서 대체할 수 있다.

나는 이보다 더 우아한 해결책이 있으리라고는 상상하지 못하겠다. 선형 탄소 중합체의 다양한 배치는 화학적으로 안정한 정보 저장 장치와 고도로 다양한 화학적 활동 모두를 만들어낸다. 내가 볼 때, 생명 화학의 이런 측면은 지극히 단순하면서 대단히 놀라운 것이다. 생명이 복잡한 중합체 화학을 선형 정보 저장과 결부시키는 방식은 너무나 압도적인 원리여서, 나는 그것이 지구 생명의 핵심일 뿐 아니라, 우주에 존재할 다른 모든 생명에게도 중요한 역할을 할 것이라고 추측한다.

비록 우리를 비롯해서 알려진 모든 생명체는 탄소 중합체에 의지하지만, 우리는 생명을 생각할 때에 지구에서 접하는 생명의 화학만을 염두에 두어서는 안 된다. 우주 어느 곳에서는 탄소를 다른 방식으로 쓰는 생명이나, 아예 탄소로 이루어지지 않은 생명이 존재한다고도 얼마든지 상상할 수 있다. 한 예로, 영국의 화학자이자 분자생물학자인 그레이엄 케언스-스미스는 1960년대에 자가 복제되는 점토 결정 입자들을 토대로 한 원시 생명체가 있을 수도 있다고 제안한 바 있다.

케언스-스미스가 상상한 점토 입자는 실리콘(규소)을 토대로 했다. 과학소설 작가들이 다른 세계의 생명체를 상상할 때에 즐겨 택하는 원소이다. 탄소와 마찬가지로 실리콘 원자도 4개의 화학 결합을 이룰 수 있으며, 우리는 실리콘이 중합체도 만들 수 있다는 것을 안다. 실리콘 밀봉제, 접합제, 윤활제, 주방용품이 그렇게 나온 것이니까. 원리상 실리콘 중합체는 생물학적 정보를 담을 만큼 충분히 크고 다양할 수 있다. 그러나 지구에 실리콘이 탄소보다 훨씬 더 많음에도, 지구의 생명은 탄소를 토대로 한다. 지표면이라는 조건에서는 실리콘이 탄소에 비해서 다른 원자들과 쉽게 화학 결합을 이루지 않으며, 따라서 생명에 필요한 화학적 다양성을 충분히 생성하지 않기 때문일 수도 있다. 그러나 실리콘 기반의 생명, 아니 더 나아가 전혀 다른 화학을 토대로 한 생명체가 우주의 다른 곳에서 조성된 다른 조건에서 번성할 가능성을 배제한다는 생각은 어리석은 것이다.

생명이 무엇인지를 생각할 때, 생명과 무생명의 경계가 뚜렷하다고 보기 쉽다. 세포는 분명히 살아 있으며, 세포의 집합으로 이루어지는 모든 생물도 분명히 살아 있다. 그러나 좀더 중간 상태에 놓인 생명 비슷한 것들도 있다.

바이러스가 대표적인 사례이다. 바이러스는 유전체를 지닌 화학적 실체로서, 유전체는 DNA로 이루어진 것도 있고, RNA로 이루어진 것도 있다. 이 유전체에는 바이러스를 감싸는 단백질 껍질을 만드는 데에 필요한 유전자들이 들어 있다. 바이러스는 자연선택을 통해서 진화할 수 있으므로 멀러의 기준을 통과한다. 그러나 그 점 외의 다른 특징들을 살펴보면 생명인지 여부가 불분명해진다. 특히 바이러스는 엄밀히 말하자면, 스스로 번식할 수 없다. 오직 살아 있는 생물의 세포에 들어가서 그 감염된 세포의 대사를 탈취해야만 번식을 할 수 있다.

감기에 걸리면, 감기 바이러스는 코의 안쪽 피부에 있는 세포로 들어가서 코의 세포에 있는 효소와 원료를 차용해서 자기 자신을 아주 많이 만들어낸다. 사실 바이러스가 너무 많이 만들어지는 바람에 감염된 세포가 터지면서, 수천 개의 감기 바이러스 입자를 쏟아낸다. 이 새로 생긴 바이러스들은 이웃 세포들로도 들어가고, 혈관을 타고 퍼져서 몸 곳곳의 세포들로도 들어간다. 바이러스로서는 자신을 영속시키는 매우 효과적인 전략이지만, 이는 바이러스가 숙주의 세포 환경과 별개로 작동할 수 없다는 의미이다. 다시 말해서, 바이러스는 다른 살아 있는 실체에 전적으로 의존한다. 바이러스의 한살이가 숙주 세포에서 화학적으로 활성을 띠고 번식하는 **살아 있는** 단계와 세포 바깥에서 화학적으로 비활성 상태로 존재하는 **살아 있지 않은** 단계로 이루어진다고 말할 수도 있을 것이다.

일부 생물학자는 다른 살아 있는 실체에 엄밀하게 의지하는 것이 바이러스가 진정으로 살아 있지 않다는 의미라고 결론짓는다. 그러나 여기에서 우리 자신을 비롯하여 지구의 거의 모든 생명체도 다른 생물에게 의지한다는 점을 떠올릴 필요가 있다.

우리의 친숙한 몸은 사실 인간 세포들과 그밖의 세포들이 혼합된 일종의 생태계이다. 우리 몸에서 인간의 세포는 약 30조 개이지만, 우리 몸 안팎에 사는 다양한 세균, 고세균, 균류, 단세포 진핵생물의 세포는 그보다 더 많다. 우리의 장 속에는 다양한 선충들이 살고, 피부에 살면서 털집에 알을 낳는 다리가 8개인 진드기류 등 좀더 큰 동물을 몸에 지니고 있는 사람들도 많다. 이런 우리 몸의 밀접한 동반자들 중에서 상당수는 우리의 세포와 몸에 깊이 의존하지만, 우리도 그들 중 일부에 의지하고 있다. 예를 들면, 우리의 장내 세균은 우리 세포가 스스로 만들 수 없는 특정한 아미노산이나 비타민을 만든다.

그리고 우리는 우리가 먹는 음식이 모두 다른 생물이 만든 것이라는 점도 잊지 말아야 한다. 내가 연구하는 효모 같은 미생물조차도 대개 다른 생물들이 만드는 분자에 전적으로 의지한다. 탄소와 질소를 지닌 거대분자를 만드는 데에 필요한 포도당과 암모니아도 다른 생물들이 만든다.

식물은 좀더 독립적인 듯이 보인다. 공기에서 얻은 이산화탄소와 흙에서 빨아들인 물, 태양의 에너지를 이용해서 탄소 중합체 등 필요한 더 복잡한 분자들을 합성하기 때문이다. 그러나 식물도 뿌리 안이나 근처에서 공기의 질소를 흡수하는 세균에 의지한다. 그런 세균이 없다면, 식물은 생명의 거대분자를 만들 수 없다. 사실 우리가 아는 한, 그 어떤 진핵생물도 공기의 질소를 고정하지 못한다. 이는 알려진 동물, 식물, 균류 중에서 아예 맨땅에서부터 세포 화학을 생성할 수 있는 종은 단 하나도 없다는 뜻이다.

따라서 가장 진정으로 독립적인 생명체—진정으로 독립적이면서 "자유 생활"을 한다고 할 수 있는 것—는 언뜻 보기에는 조금 원시적인 것들이다. 광합성도 하고 질소도 고정할 수 있는 남조류라고도 불리는 미세한 남세균, 심해의 화산 활동이 일어나는 열수 분출구에서 에너지와 화학 물질의 원료를 얻는 고세균이 대표적이다. 놀랍게도 이런 비교적 단순한 생물들은 우리보다 훨씬 오랜 세월을 살아왔을 뿐만 아니라, 우리보다 훨씬 더 자족적이다.

우리가 다양한 생명체들에게 깊이 의존한다는 사실은 우리 세포의 기본 조성에서도 드러난다. 우리 몸에 필요한 에너지를 생산하는 미토콘드리아는 한때 독립 생활을 하던, ATP를 생산하는 능력을 터득한 세균이었다. 약 15억 년 전에 일어난 어떤 운명의 장난으로, 이 세균 중에서 일부가 다른 세포 안에서 살게 되었다. 시간이 흐르면서 숙주 세포는 이 세균 손님이 만드는 ATP에 전적으로 의지하게 되었고, 미토콘드리아는 영구히 자리를 잡게 되었다. 아마도 이런 서로에게 이로운 관계가 굳어진 것이 모든 진핵생물 계통의 출발점이었을 것이다. 에너지를 믿을 만하게 공급받음으로써 진핵생물의 세포는 점점 더 커지고 더 복잡해질 수 있었다. 그 결과 오늘날의 다양하기 그지없는 동물, 식물, 균류가 진화하게 되었다.

이 모든 사례들은 전적으로 다른 생물에 의존하는 바이러스에서부터 훨씬 더 자족적인 남세균, 고세균, 식물에 이르기까지 일종의 생명 스펙트럼이 있음을 보여준다. 나는 이런 다양한 형체들이 모두 살아 있다고 주장하련다. 많든 적든 모두 다른 생물들에게 의지하기는 하지만, 자연선택을 통해서 진화할 수 있는 자기 지향적인 물리적 실체이기 때문이다.

생명을 이렇게 더 폭넓은 관점에서 보면, 살아 있는 세계가 더욱 풍성해진다. 지구의 생명은 모든 생물을 포함하는 드넓게 서로 연결된 하나의 생태계에 속해 있다. 이 근본적인 연결성은 생물들의 깊은 상호의존성에서만이 아니라, 모든 생명이 공통의 진화적 뿌리를 통해서 유전적으로 서로 연관되어 있다는 사실에서도 나온다. 생태학자들은 오래 전부터 이런 깊은 연관성과 상호의존성이라는 관점을 옹호해왔다. 이 개념은 19세기 초의 탐험가이자 자연사학자인 알렉산더 폰 훔볼트에게서 나왔다. 그는 모든 생명이 하나의 전체론적인 연결망으로 이어져 있다고 주장했다. 의외라고 생각될지도 모르지만, 이 상호연결성은 생명의 핵심이다. 그러니 왜 그러하다는 것인지 잠시 이유를 알아보고, 인간 활동이 나머지 살아 있는 세계에 미치는 영향을 더 깊이 살펴볼 필요가 있다.

생명의 계통수를 이루는 많은 가지들에 사는 생물들은 놀라울 만치 다양하다. 그러나 이 다양성을 관통하는 훨씬 더 크고 더 근본적인 유사성이 있다. 화학적, 물리학적, 정보적 기계로서의 기본적인 작동 양상은 세세한 부분까지 동일하다. 예를 들면, 동일한 작은 분자인 ATP를 에너지 통화로 쓰며, DNA와 RNA와 단백질 사이의 동일한 기본 관계에 의존한다. 그리고 리보솜을 이용해서 단백질을 만든다. 프랜시스 크릭은 DNA에서 RNA를 거쳐서 단백질로 이어지는 정보의 흐름이 생명의 근본이라고 보았기 때문에, 그것을 분자생물학의 "중심 원리(Central Dogma)"라고 했다. 그 뒤로 일부에서는 이 법칙의 사소한 예외 사례들이 있음을 지적했지만, 크릭의 요점은 지금도 옳다.

생명의 화학적 토대에 놓인 이런 심오한 공통점은 놀라운 결론으로 이어진다. 현재 지구에 있는 생명은 **단 한 번만** 시작되었다는 것이다. 생명체가 독자적으로 몇 차례에 걸쳐서 출현했고 각각이 살아남았다면, 그 후손들이 모두 생명의 기본 활동을 이렇게 비슷한 방식으로 수행하고 있을 가능성은 매우 낮다.

모든 생명이 동일한 방대한 계통수의 일부라면, 그 나무는 어떤 씨앗에서 자라난 것일까? 아주 오래 전 어딘가에서 무생물적이고 무질서한 화학 물질들이 어떤 식으로든 간에 더 질서를 갖춘 형태로 배열됨으로써, 스스로 존속할 수 있고, 스스로를 복제할 수 있으며, 이윽고 자연선택을 통해서 진화할 수 있는 너무나도 중요한 능력을 획득하게 되었다. 그렇다면 궁극적으로는 우리의 이야기이기도 한, 이 이야기는 실제로 어떻게 시작되었을까?

지구는 우리 태양계의 여명기였던 약 45억 년 전에 출현했다. 그 뒤로 약 5억 년 동안, 지표면은 너무 뜨겁고 불

안정하여 우리가 아는 생명이 출현할 수 없었다. 지금까지 생물의 화석임이 확실하다고 밝혀진 가장 오래된 것은 약 35억 년 전의 것이다. 그 화석은 생명이 출현하기까지 수억 년의 준비 기간이 필요했음을 말해준다. 우리가 감을 잡기조차 어려운 아주 긴 시간이지만, 그래도 지구 생명의 역사 전체로 보면 짧은 편이다. 프랜시스 크릭은 출현 가능한 기간을 고려할 때, 생명이 지구에서 시작되었을 가능성이 매우 낮다고 생각했다. 그래서 그는 생명이 우주의 다른 곳에서 출현하여 부분적으로 혹은 완전히 형성된 상태로 지구로 운반된 것이라고 주장했다. 그러나 이 주장은 생명이 처음에 어떻게 시작되었는가라는 중요한 질문에 답하는 것이 아니라 회피하는 것이다. 지금은 비록 검증은 아직 불가능하지만 신뢰할 만한 설명을 제시할 수는 있다.

가장 오래된 화석들을 보면 현재의 세균과 조금 비슷한 구석이 있다. 이는 그 무렵에 이미 생명이 막으로 에워싸인 세포, DNA에 토대를 둔 유전 체계, 단백질을 토대로 한 대사를 갖추고서 꽤 확고하게 자리를 잡은 상태일 수 있음을 시사한다.

그런데 그 생명은 어디에서 왔을까? DNA 기반의 유전자 복제, 단백질 기반의 대사, 에워싼 막은? 오늘날의 생물에서 이런 체계들은 오직 전체로서만 제대로 작동하는 상호의존적인 체계를 형성한다. DNA 기반 유전자는 단백질 효소의 도움을 받아야 스스로를 복제할 수 있다. 그러나 단백질 효소는 DNA에 든 명령문을 통해서만 만들어질 수 있다. 서로가 없이는 자신의 일을 할 수가 없다. 그리고 유전자와 대사 모두 필요한 화학 물질을 농축시키고 에너지를 포획하고 환경으로부터 보호해주는 세포막에 의지한다는 것도 사실이다. 그러나 우리는 현재 살고 있는 세포가 유전자와 효소를 사용해서 자신의 정교한 막을 만든다는 것도 안다. 유전자, 단백질, 세포막이라는 중대한 세 가지 가운데 어느 하나가 스스로 출현할 수 있다고는 상상하기가 어렵다. 하나를 제거하면, 체계 전체가 빠르게 붕괴하기 때문이다.

설명이 가장 쉬워 보이는 부분은 막의 형성이다. 우리는 막을 이루는 지질 분자가 어린 지구에서 일어났을 것이라고 추정되는 자연적인 화학 반응을 통해서 형성될 수 있다는 것을 안다. 그리고 과학자들이 물에 넣으면 이런 지질 분자들은 의외의 행동을 한다. 서로 저절로 모여서 크기와 모양이 몇몇 세균 세포와 비슷하게 속이 빈 공 모양이 된다.

막으로 둘러싸인 실체를 형성하는 설득력 있는 메커니즘을 찾았으니, DNA 유전자와 단백질 중 어느 것이 먼저 출현했는가라는 문제가 남는다. 과학자들이 이 닭이 먼저냐 달걀이 먼저냐 하는 문제에 관해서 지금까지 찾아낸 가장 나은 해답은 어느 쪽도 아니었다는 것이다! 대신에 DNA의 화학적 사촌인 RNA가 먼저 나왔을지도 모른다.

DNA처럼 RNA 분자도 정보를 저장할 수 있다. 복제될 수도 있고, 복제 과정에서 오류가 일어나서 다양성도 생성된다. 즉 RNA가 진화할 수 있는 유전 분자 역할을 할 수 있다는 것이다. RNA 기반 바이러스가 지금도 있는 이유가 바로 그 때문이다. RNA 분자의 또다른 중요한 특성은 접혀서 효소 기능을 할 수 있는 복잡한 삼차원 구조를 형성할 수 있다는 것이다. RNA 기반 효소는 복잡성이나 다양성 면에서 단백질 효소에 미치지는 못하지만, 그래도 특정한 화학 반응을 촉매할 수 있다. 예를 들면, 오늘날 리보솜의 기능에 대단히 중요한 효소들 가운데 몇 가지는 RNA로 되어 있다. RNA의 이 두 특성이 결합됨으로써, 유전자이면서 효소로 작용하는 RNA 분자가 만들어졌을 수도 있다. 유전 체계와 원시적인 대사가 한 묶음으로 출현한 셈이다. 그에 해당할 만한 것이 바로 자족적 인 RNA 기반의 살아 있는 기계이다.

몇몇 연구자들은 이런 RNA 기계가 심해 열수 분출구 주변의 암석에서 최초로 생성되었을 수 있다고 추정한다. 그런 암석에 난 미세한 구멍이 보호를 제공하는 환경이 되고, 지각에서 끓어오르는 화산 활동은 꾸준히 에너지와 화학 물질 원료를 제공했을 것이다. 이런 환경에서는 RNA 중합체를 만드는 데에 필요한 뉴클레오타이드가 더 단순한 분자들로부터 조립될 수도 있다. 처음에는 암석에 들어 있던 금속 원자가 화학적 촉매 역할을 했을 수도 있다. 그러면 생물학적 효소의 도움이 없이도 반응이 빠르게 진행될 수 있다. 이윽고 오랜 시행착오를 거친 끝에, 살아 있으면서 자신을 유지하고 자신을 복제하는 RNA로 된 기계가 출현할 수 있었을 것이고, 그 기계는 나중에 막으로 둘러싸인 실체 안으로 들어갈 수 있었을 것이다. 그 순간이 바로 생명이 출현한 기념비적인 사건이 일어난 시점일 것이다. 최초의 진정한 세포가 출현한 것이다.

내가 방금 들려준 이야기는 설득력이 있기는 하지만, 매우 사변적이라는 점도 염두에 두자. 최초의 생명체는 아무런 흔적도 남기지 않았으므로, 생명의 여명기에 어떤 일이 일어났는지, 아니 더 나아가 35억여 년 전에 지구가 정확히 어떤 상태였는지조차 알아내기가 대단히 어렵다.

그러나 일단 최초의 세포가 형성되면, 그 뒤에 어떤 일이 일어났을지 상상하기는 더 쉽다. 첫째, 그 단세포 미생물은 전 세계로 퍼지면서 서서히 바다, 육지, 대기로 진출했을 것이다. 그런 다음 세포는 점점 더 커지고 더 복잡해졌다. 그러나 그 오랜 기간 오직 단세포 상태로만 존재했다. 그렇게 약 20억 년이 흐른 뒤, 마침내 진핵생물이 등장했다. 진정한 다세포 진핵생물은 훨씬 더 뒤에, 다시 약 10억 년이 흐른 뒤에야 출현했다. 그것은 다세포 생명이 약 6억 년 전부터 존재했다는 의미이다. 지구 전체 역사의 겨우 6분의 1에 해당하는 기간이다. 그러나 그 기간에 그들은 까마득히 솟은 숲, 우글거리는 개미 무리, 땅속에 드넓게 팡이실을 뻗은 곰팡이, 아프리카 사바나를 돌아다니는 포유동물 떼, 훨씬 더 나중에 등장한 인간에 이르기까지, 우리 주변의 가장 크고 가장 눈에 띄는 모든 생명체들을 낳았다.

이 모든 일은 맹목적이며 인도도 받지 않지만 대단히 창의적인, 자연선택을 통한 진화 과정을 통해서 이루어졌다. 그러나 생명의 성공 사례들을 생각할 때, 우리는 진화적인 변화가 집단의 누군가가 생존과 번식에 실패할 때에만 효율적으로 일어난다는 점을 염두에 두어야 한다. 따라서 생명 전체는 끈질기고 오래 존속하고 고도로 적응력을 발휘한다는 것을 입증해왔지만, 개별 생명체는 환경이 변할 때에 적응하는 능력이 제한되어 있고 수명도 한정되는 경향을 보인다. 바로 그 부분이 자연선택이 작용하는 지점이다. 자연선택은 기존 질서를 없애고, 만약 집단에 더 적합한 변이체가 있을 때에는 그 새로운 개체를 위해서 길을 터준다. 생명은 오직 죽음을 통해서만 존재할 수 있는 듯하다.

자연선택의 이 가차 없는 솎아내기 과정은 많은 의외의 것들을 만들었다. 가장 놀라운 것들 가운데 하나는 인간의 뇌이다. 우리가 아는 한, 그 어떤 생물도 우리처럼 자신의 존재를 의식하고 있지 않다. 우리의 자의식을 지닌 마음은 적어도 어느 정도는 우리에게 세상이 변할 때에 우리의 행동을 조정할 여지를 더 많이 주기 위해서 진화한 것임이 틀림없다. 나비, 더 나아가 아마도 알려져 있는 다른 모든 생물과 달리, 우리는 우리에게 동기를 부여하는 목적들을 따져보고 신중하게 고를 수 있다.

뇌는 다른 모든 살아 있는 계와 동일한 물리학과 화학

에 토대를 두고 있다. 동일한 비교적 단순한 분자와 잘 이해된 힘으로부터 어떻게든 우리의 생각하고 토론하고 상상하고 창작하고 아픔을 겪는 능력이 출현한 것이다. 이 모든 능력이 우리 뇌의 젖은 화학에서 어떻게 출현하는가는 답하기가 매우 어려운 질문이다.

우리는 우리 신경계가 서로서로 조 단위의 연결(시냅스)을 이루는 수십억 개의 신경 세포(뉴런) 사이의 대단히 복잡한 상호작용에 토대를 둔다는 것을 안다. 이런 이루 헤아릴 수 없이 정교하고 끊임없이 변화하는 상호연결된 뉴런들의 망은 전기 정보의 풍부한 흐름을 전달하고 처리하는 신호 전달 경로를 구성한다.

생물학에서 종종 그렇듯이, 우리는 선충, 초파리, 생쥐 같은 더 단순한 "모델" 생물을 연구함으로써 이런 지식의 대부분을 알아냈다. 우리는 이런 신경계가 감각기관을 통해서 주변 환경의 정보를 모으는 방식을 꽤 많이 알아냈다. 연구자들은 시각, 청각, 촉각, 후각, 미각 신호가 신경계를 지나는 양상을 철저히 추적해왔으며, 기억을 형성하고 감정 반응을 일으키고 근육을 굽히는 것 같은 출력 행동을 만드는 뉴런 연결들 가운데 일부를 지도로 작성하기도 했다.

이 모두가 대단히 중요한 일이지만, 우리는 이제 겨우 시작했을 뿐이다. 수십억 개의 뉴런들이 어떻게 상호작용을 하여 추상적 사고, 자의식, 우리의 자유 의지처럼 보이는 것을 생성할 수 있는지를 이해하는 일은 이제 겨우 겉핥기만 하고 있는 수준이다. 이런 의문들에 흡족한 답을 찾아내는 것이야말로 21세기와 더 나아가 그 이후에도 중요한 과제가 될 것이다. 그리고 나는 우리가 전통적인 자연과학의 도구들만으로 이런 문제들을 해결할 수 있을 것이라고는 보지 않는다. 우리는 심리학, 철학, 더 일반적으로는 인문학에서 나온 깨달음도 받아들여야 할 것이다. 컴퓨터과학도 도움을 줄 수 있다. 현재의 가장 강력한 "인공지능(AI)" 컴퓨터 프로그램은 생명의 신경망이 정보를 처리하는 방식을 매우 단순한 형태로 흉내 내도록 만든 것이다.

이런 컴퓨터 시스템은 데이터를 분석하는 일을 점점 더 인상적인 수준으로 수행하고 있지만, 추상적인 사고나 상상력, 자의식, 의식과 모호하게라도 닮은 것은 전혀 내비치지 않는다. 아니, 우리가 이런 정신적 능력을 말할 때에 어떤 의미로 쓰는지를 정의하는 것조차도 무척 어렵다. 소설가, 시인, 화가는 창의적 사고의 토대에 기여하거나, 감정 상태를 더 명확히 묘사하거나, 그것이 실제로 무슨 의미인지를 파헤침으로써 이 문제의 해결에 기여할 수 있다. 인문학과 과학이 이런 현상을 더 깊이 논의할 수 있도록 공통의 언어가 더 많아지거나, 적어도 지적 접점이 더 많아진다면, 우리는 진화가 어떻게 그리고 왜 어떻게든 자신의 존재를 자각하게 된 화학적, 정보적 체계로서의 우리를 발달시킬 수 있었는지를 더 잘 이해하게 될지도 모른다. 상상력과 창의성이 어떻게 출현할 수 있는지를 이해하려면 우리의 모든 상상력과 창의성이 필요할 것이다.

우주는 상상도 하지 못할 만치 방대하다. 확률 법칙에 따를 때, 그 엄청난 시간과 공간에 걸쳐서 생명—자의식을 지닌 생명은 논외로 치더라도—이 오직 이곳 지구에서만 번성해왔을 가능성은 극히 희박해 보인다. 우리가 외계 생명체와 마주칠지 여부는 다른 문제이다. 그러나 그들과 만난다면, 나는 그들도 우리처럼 자연선택을 통한 진화가 만들어낸 정보를 담은 중합체를 중심으로 구축된 자족적인 화학적, 물리적 기계일 것이라고 확신한다.

우리 행성은 우주에서 생명이 존재한다는 것을 우리가 확실히 알고 있는 유일한 곳이다. 이곳 지구에서 우리가 속해 있는 생명은 특별하다. 끊임없이 우리에게 놀라움을 안겨주지만, 그런 경이로운 다양성을 지니고 있음에도 불구하고 과학자들은 생명을 이해해가고 있으며, 그 이해는 우리의 문화와 문명에 근본적인 기여를 하고 있다. 우리가 생명이 무엇인지를 더 깊이 이해하게 될수록 인류의 삶을 개선할 가능성도 그만큼 커진다. 그러나 이 지식은 거기에서 그치지 않는다. 생물학은 우리가 알고 있는 모든 생물이 서로 친척이고 긴밀하게 상호작용한다는 것을 보여준다. 우리는 깊은 연결을 통해서 다른 모든 생명과 얽혀 있다. 이 책에서 우리와 함께 여행을 한 기어다니는 딱정벌레, 감염시키는 세균, 발효시키는 효모, 호기심 많은 마운틴고릴라, 팔랑거리는 노란 나비뿐만 아니라 생물권의 모든 생물들과 말이다. 이 모든 종은 생명의 위대한 생존자들, 멀리 깊은 시간까지 끊김 없이 세포 분열의 사슬을 통해서 죽 이어지는 헤아릴 수도 없이 방대한 단일한 가계도의 최근 후손들이다.

우리가 아는 한, 인류는 이 깊은 연결성을 간파하고 그것이 대체 어떤 의미인지를 깊이 고찰할 수 있는 유일한 생명체이다. 그 결과 우리는 모두 우리의 가깝거나 먼 친척들로 이루어진 이 행성의 생명에 대해서 특별한 책임감을 가지게 된다. 우리는 지구의 생명을 배려하고, 생명을 돌보아야 한다. 그리고 그렇게 하려면 생명을 이해해야 한다.

감사의 말

이 책을 읽기 쉽게 만들기 위해서 온갖 노력을 다한 데이비드와 로지 피클링에게 감사한다. 그리고 생명의 본질에 관해서 오랜 세월 함께 토론하고 반론을 제시한 우리 연구실을 비롯한 세계 각지의 친구들과 동료들에게도 고맙다는 말을 전한다. 마지막으로, 이 책을 즐겁게 쓸 수 있도록 하고 여러 모로 많은 도움을 준 벤 마티노가에게도 감사의 인사를 전한다.

역자 후기

생명이 무엇인가라는 질문은 무수히 제기되었지만, 여전히 대답하기 어렵다. 지난 100여 년 동안 이루어진 과학 지식의 발전을 생각하면, 이제 이 질문에도 꽤 납득할 만한 답을 할 수 있지 않을까? 그러나 생명이 워낙 다양한 모습을 취하고 있기에, 어떤 답을 내놓은들 거기에 어긋나는 생명 현상이 있기 마련이다.

그러니 연구자로서는 딱히 새삼스럽게 그 질문을 붙들고 씨름할 의욕을 느끼지 못할 수도 있다. 워낙 오래된 질문이고 웬만한 답들도 그 답들의 한계도 다 알려져 있으니까. 거기에 새로운 것을 덧붙일 여지가 얼마나 될까?

그러나 이 책의 저자는 그 문제에 새로운 시각을 덧붙일 여지가 있다고 본다. 폴 너스는 세포 분열을 조절하는 단백질을 발견한 공로로 노벨상을 공동 수상한 유전학자이다. 생명의 기본 단위인 세포를 누구보다도 더 깊이 이해하고 있는 사람이라고 할 수 있다. 그래서 그는 세포를 논의의 출발점으로 삼는다. 세포의 기본 특성이 무엇인지를 차근차근 설명하다가, 이윽고 정보라는 개념에 다다른다. 그는 정보라는 개념을 중심에 놓고 바라본다면, 생명을 더 깊이 이해할 수 있을 것이라고 본다.

따지고 보면 무생물과 생물은 동일한 원소들로 이루어져 있다. 언뜻 보면 조직화의 수준이 다를 뿐이다. 그렇다면 원자들을 하나하나 배열하여 세포 수준의 복잡성을 갖춘다면 생명이 될까? 인공지능은? 저자는 이런 의문들도 정보라는 관점에서 생명을 본다면 해결의 실마리를 찾을 수 있다고 본다.

또한 저자는 정보 중심의 생명관이 확장성을 지닌다고 본다. 정보를 생산하고 전달하고 받고 저장하고 처리하는 일은 어느 한 세포, 한 생물이 다른 세포, 생물, 환경과 상호작용을 한다는 의미이다. 다시 말해서, 다른 생물 및 환경과의 관계를 고려할 수밖에 없다는 뜻이다. 저자는 이 생명관을 어떻게 지구 환경과 생물 다양성 문제까지 확장시킬 수 있는지도 보여준다. 한마디로 생명 전체를 일관성 있게 바라보는 방법을 제시하는 책이다.

2020년 겨울

이한음

인명 색인